GAOXIAO JIANKANG
YANGROUYANG
QUANCHENG SHICAO TUJIE

养殖致富攻略

高效健康

养肉羊

全程实操图解

杨文平　程俐芬　岳文斌　高建广　编著

中国农业出版社

前　言

　　肉羊业是我国畜牧业的重要组成部分，在国民经济及人民生活中占有重要地位。现阶段，全国肉羊业发展迅速，已成为农村经济发展的支柱产业。但很多地方的羊场还缺乏科学饲养管理技术，生产效率较低，经济效益不高，甚至亏损。因此，普及科学养肉羊知识，改变传统落后的肉羊养殖方式和方法，提高从业人员科学养羊技术水平，是提高企业经济效益，加快肉羊业发展，推动我国肉羊业持续稳定健康发展的保障。我们根据多年的教学、科研、生产实践经验，参阅相关文献资料，编写了这本书。

　　限于编者水平能力，书中难免存在不妥和疏漏之处，希望大家在使用中提出宝贵意见。另外，书后仅列出参考的主要著作和论文，对于未列之作，在此，一并向相关学者表示诚挚的谢意。

编　者

目 录

一、肉羊业生产现状及相关政策

(一) 肉羊业生产现状

目标
- 了解肉羊生产现状
- 了解肉羊生产相关政策

1. 肉羊生产快速发展，在畜牧业中的地位不断提高

改革开放以来，我国羊的饲养量和羊肉产量都有较大增长。2016 年，我国羊存栏 3.0 亿只，出栏 3.1 亿只，羊肉产量 459.4 万吨，比 1980 年增加 415 万吨，占世界羊肉总产量的 29.6%，出栏羊只均产肉 1.48 千克。羊肉占我国肉类产量的 5.4%，羊产业的产值占畜牧业总产值的 7%，养羊业在畜牧业中的地位稳步上升。

2. 区域化优势日渐明显，优势效应不断提高

我国肉羊生产主要分为中原、中东部农牧交错带、西北和西南 4 个肉羊优势区域，共包含 20 个省（自治区）。自 1995 年以来，四大优势产区 20 个省（自治区）的羊存栏量占全国比重一直保持在 85% 以上，其中内蒙古、新疆、甘肃、宁夏等主要牧区和山东、河北、河南、四川等主要农区羊存栏量大，是肉羊产业发展的重点优势区域。

3. 标准化规模养殖水平提高，规模效益不断提高

2016 年，全国出栏 100 只以上肉羊的规模化养殖比

重为 36.5%，比 1980 年提高 13.6 个百分点。以山西省为例，2016 年出栏 100 只以上肉羊的养殖场（户）占 11%，比 10 年前增加了 9.9 个百分点，年出栏 1 000 只以上肉羊的养殖场（户）598 户，而 10 年前全省只有 4 户。年出栏 100~299 只肉羊的养殖场（户）和年出栏 3 000 只以上肉羊的养殖场（户）发展迅速。

4. 营销模式发生变化，互联网作用不断提高

随着国民生活方式的改变及流通业态的变化，中国名优生鲜品牌企业与电商合作，引导消费者健康消费，建立畜产品追溯体系，打造"互联网＋畜牧业"的现代产业模式成为新的趋势，更多优质特色畜产品入驻电商平台，电商平台的生鲜产品消费比例显著扩大。

我国虽然是养羊大国，但由于受到生存环境、饲草料资源、科技水平等因素的影响，还不能称为养羊强国，存在的突出问题主要有：

（1）良种化程度低，单产水平不高　我国肉羊核心种源主要依赖进口，地方品种虽然数量多，但多属于兼用型，专门化程度不高，专门化肉羊品种选育进展缓慢。与发达国家相比，我国肉羊屠宰胴体重约低 10 千克。

（2）养殖成本高，经济效益低　2016 年肉羊出栏价格先降后升，但整体仍低于 2012 年以来平均水平，2016 年标准体重（45 千克／只）出栏绵羊平均每只盈利 155.0 元，比 2015 年减少 37.9 元，降幅 19.6%；2016 年标准体重（30 千克／只）山羊平均每只盈利 276.0 元，同比减少 86.8 元，降幅 23.9%。

（3）肉羊生产标准化水平整体较低，胴体质量差　我国肉羊仍以分散养殖为主，出栏 100 只以上肉羊的规模养殖比重为 36.5%，与家禽、生猪等养殖业相比存在明显差距。饲养规模 10 只以下的养羊户在农区占一半以上，严重影响着优秀羊品种、动物营养等先进肉羊生产技术的推广普及。养殖场设施条件简陋，机械化生产程度低，标准化智能化养殖技术水平不高，优质胴体少，特、一级部位肉比例小。

（4）饲养管理粗放，粪污资源化处理不及时，疫病防控设施设备不配套，养殖风险大　肉羊养殖观念陈旧，知识贮备和资金储备不足，先进技术推广率和普及率低，基础设施不配套，饲养管理不规范，羊群结构不合理，选种选配不科学，养殖效益不理想，抵御自然灾害和抵抗疫病的能力弱，小反刍兽疫等重大传染病对我国肉羊业的影响仍未完全消除。

（二）肉羊生产相关政策

目标
- 了解国家有关肉羊生产的政策
- 了解近期国家扶持肉羊生产的项目

为了促进肉羊产业持续健康发展、提高养殖效益、增加优质羊肉的供给，国家相继出台了一系列优惠政策，扶持各级种羊场开展育种创新，培育国产品种，鼓励引导农民建立家庭农（牧）场，开展适度规模经营，摆脱贫困走上致富之路；鼓励农民企业家平稳转型，利用资金优势和地理优势开发功能食品，创品牌、提效益。通过技术培训、项目扶持，培育一批肉羊育种企业和生产企业。

1. 有关肉羊业发展的意见，为肉羊业保驾护航

（1）《国务院办公厅关于加快转变农业发展方式的意见》（国办发〔2015〕59号）提出：要积极发展草食畜牧业。针对居民膳食结构和营养需求变化，促进安全、绿色畜产品生产。分区域开展现代草食畜牧业发展试验，在种养结构调整、适度规模经营培育、金融信贷支持、草原承包经营制度完善等方面开展先行探索。大力

推进草食家畜标准化规模养殖，突出抓好疫病防控，加快推广先进适用技术模式，重点支持生态循环畜牧业发展，引导形成牧区繁育、农区育肥的新型产业结构。实施牛羊养殖大县财政奖励补助政策。

（2）《中共中央办公厅 国务院办公厅关于引导农村土地经营权有序流转发展农业适度规模经营的意见》（中办发〔2014〕61号）提出：要鼓励发展适合企业化经营的现代种养业。鼓励农业产业化龙头企业等涉农企业重点从事农产品加工流通和农业社会化服务，带动农户和农民合作社发展规模经营。引导工商资本发展规模化养殖等适合企业化经营的现代种养业，开发农村"四荒"资源，发展多种经营。支持农业企业与农户、农民合作社建立紧密的利益联结机制，实现合理分工、互利共赢。支持经济发达地区通过农业示范园区引导各类经营主体共同出资、相互持股，发展多种形式的农业混合所有制经济。

（3）《国务院办公厅关于加快推进畜禽养殖废弃物资源化利用的意见》（国办发〔2017〕48号）提出：到2020年，建立科学规范、权责清晰、约束有力的畜禽养殖废弃物资源化利用制度，构建种养循环发展机制，全国畜禽粪污综合利用率达到75%以上，规模养殖场粪污处理设施装备配套率达到95%以上，大型规模养殖场粪污处理设施装备配套率提前一年达到100%。

（4）《关于印发促进草牧业发展指导意见》（农办牧〔2016〕22号）提出：到2020年，全国天然草原鲜草总产草量达到10.5亿吨，草原综合植被盖度达到56%，重点天然草原超载率小于10%，全国草原退化和超载过牧趋势得到遏制，草原保护制度体系逐步建立，草原生态环境明显改善；人工种草保留面积达到3.5亿亩，草产品商品化程度不断提高；牛羊肉总产量达到1 300万吨以上，奶类产量达到4 100万吨以上，草食畜牧业综合生产能力明显提升。

（5）《农业部关于促进现代畜禽种业发展的意见》（农牧发〔2016〕10号）提出：主要引进品种本土化选育取得明显进展，地方畜禽遗传资源得到有效保护利用，畜禽育种评价体系基本建立。培育一批市场竞争力强的新品种、配套系和品系，打造一批大型畜禽种业集团和民族品牌。形成以育种企业为主体，产学研相结合、育繁推一体化的种业发展机制。到2025年，主要畜种核心种源自给率达到70%，国家级保护品种有效保护率达到95%以上，基本建成与现代畜牧业相适应的良种繁育体系。

2. 制定肉羊发展规划，明确今后发展方向

（1）《全国肉羊遗传改良计划（2015—2025年）》提出：到2025年形成纯种基础母羊15万只的核心育种群，重点选育的地方品种主要肉用性能提高10%以上，绵羊产羔率牧区达到120%以上、农区达到150%以上，山羊产羔率达到180%以上，培育10个左右肉羊新品种，肉羊群体生产性能稳步提高。

（2）《全国草食畜牧业发展规划（2016—2020年）》提出：到2020年，羊肉产量达500万吨，羊毛羊绒产量达55万吨，肉羊平均胴体重17千克，草食畜牧业科技进步贡献率60%；年出栏100只以上肉羊规模养殖比重45%，牛羊规模养殖场废弃物综合利用率75%。

（3）《全国牛羊肉生产发展规划（2013—2020年）》提出：全国肉羊生产总体保持稳定发展，规模化、标准化、产业化和组织化程度大幅提高，综合生产能力显著增强，羊肉生产基本满足市场需求。到2020年，全国羊肉产量达518万吨，比2015年增加73万吨，年均增长3.1%。肉羊出栏率达到110%以上；年出栏100只以上肉羊规模养殖比例达到45%以上。

（4）《种养结合循环农业示范工程建设规划（2017—2020年)》提出：到2020年，建成300个种养结合循环农业发展示范县，示范县种养业布局更加合理，基本实现作物秸秆、畜禽粪便的综合利用，畜禽粪污综合处理利用率达到75%以上，秸秆综合利用率达到90%以上。新增畜禽粪便处理利用能力2 600万吨，废水处理利用能力30 000万吨，秸秆综合利用能力3 600万吨。

3. 安排促进肉羊业发展的项目，鼓励扶持肉羊产业

（1）现代种业提升工程畜禽良种项目　重点支持畜禽育种创新、制（繁）种、品种测试和种质资源保护四类项目建设。

①育种创新基地建设项目：围绕遗传改良计划，结合优势产区布局，重点支持一批有实力的核心育种场、科研教学等单位，有效利用地方畜禽种质资源和引进优良品种资源，加强主要畜种选育和新品种培育，不断提升我国畜禽育种自主创新能力，为提高畜禽产品产量和质量提供支撑。项目建成后，种畜禽场育种条件明显改善，年生产性能测定数量增加20%以上。重点支持肉羊，适当兼顾毛用、绒用羊。要求种肉羊场特、一级基础母羊300只以上，种毛、绒羊场特、一级基础母羊600只以上，具有培育种羊的基础条件和技术力量等，优先支持已开展种羊生产性能测定工作的种羊场。

②制（繁）种基地项目：围绕生产区域分布，重点开展畜禽良种场建设，通过项目实施，改善畜禽良种繁育条件，加快推进优良畜禽的推广，提高畜禽供种保障能力。项目建成后，良种场种畜禽年供种数量增加20%以上。肉羊良种场适当向西部地区倾斜，种羊场要取得《种畜禽生产经营许可证》，基础母羊存栏800只以上。

③品种测定站项目：围绕遗传改良计划，选择基础较好、种畜禽产业优势明显的区域，建设省部级猪、牛、

羊及禽等测定站,通过项目建设,提高畜禽种质质量监测能力,为畜禽种业发展提供支撑。项目建成后,品种测定站年测定能力提升 20% 以上。建设单位需具有相应的种畜禽测定、性能鉴定等业务能力和基础,配备相应技术人员,资产和财务状况良好,运转机制灵活,有较稳定的运行经费来源。立足于建成后成为第三方权威检测机构的目标进行建设。

④种质资源保护项目:根据我国畜禽遗传资源分布特点,建设完善一批种质资源场和国家畜禽基因库,防止种质资源退化和灭绝,通过项目建设,提高资源保护的物质装备水平,有效保存生物种质资源,为畜禽育种保存素材。项目建成后,种质资源场保种核心群规模增加 20% 以上,三代之内没有血缘关系的家系数不少于 6 个,基因库畜禽品种保存数量达到 10 个以上,现有《国家级畜禽遗传资源保护名录》中的品种不少于 3 个(含 3 个)。重点支持列入《国家级畜禽遗传资源保护名录》的 159 个畜禽品种资源(农业部公告第 2601 号)和部分列入省级保护名录的濒危品种,优先支持国家级畜禽遗传资源保种场。

(2) 养殖类其他项目

①现代农业示范项目:补贴额度 200 万元。

②国家农业产业化示范基地项目:补贴额度 300 万元以内。

③扶持"菜篮子"产品生产项目:补贴额度 300 万元以内。

④农业综合开发农业部专项(良种繁育、优势特色养殖项目):补贴额度 100 万 ~ 500 万元。

⑤农业机械购置补贴(养殖及饲料加工机械):补贴额度为项目总投资的 30% 左右。

⑥农产品促销项目:补贴额度为项目总投资的 10%

左右。

⑦农业科技成果转化：资金补贴额度 60 万 ~300 万元。

⑧龙头企业带动产业发展试点项目：补贴额度 500 万 ~ 800 万元。

⑨中小企业技术创新基金现代农业领域项目：补贴额度 80 万元。

（3）综合（休闲）项目　现代农业园区试点项目：补贴额度省级 1 000 万 ~2 000 万元、国家级 1 亿 ~2 亿元。

（4）农业流通加工类项目　主要有：冷链物流和现代物流项目，补贴额度 200 万 ~1 000 万元；开发性金融支持农产品加工业重点项目；农产品产地初加工补助项目，补贴额度项目总投资的 30%。

此外，还有草原生态保护补助奖励、发展南方现代草地畜牧业、农作物秸秆综合利用试点、牛羊调出大县奖励和农业部、财政部重点惠农政策等。

二、羊的品种

根据古代绵羊品种的形成和演化，将我国绵羊分为四大系统：

◆ 肥臀型（哈萨克羊系统）

◆ 短瘦尾型（西藏羊系统）

◆ 短脂尾型（蒙古羊系统）

◆ 长脂尾型（大尾寒羊系统）

我国各地的绵羊地方品种就是以上述四大系统为基础，分布在各种生态环境中，经过长期选育而又衍生形成许多新的生产性能突出的优良地方品种（或类群）[1]。

（一）品种分类与分布

目标
● 了解绵羊品种分类及分布
● 了解山羊品种分类及分布

1. 绵羊品种分类及分布

▶ **分类**

见表 2-1 至表 2-4。

表 2-1　根据羊尾形特征[2]的绵羊品种类别

类　别	特　征	举　例
短瘦尾羊	尾长不超过飞节，尾部不沉积大量脂肪，外观细小像山羊尾	西藏羊、罗曼诺夫羊

[1] 我国现有绵羊品种 79 个，其中地方品种或资源 43 个，培育品种 27 个，引进品种 9 个。

[2] 即尾部沉积的脂肪多少及尾的大小长短。

（续）

类　别	特　征	举　例
短脂尾羊	尾长不超过飞节，尾部沉积大量脂肪，外观呈不规则圆形	蒙古羊、小尾寒羊
长瘦尾羊	尾长超过飞节，尾部不沉积大量脂肪，外观瘦长	新疆细毛羊、内蒙古细毛羊
长脂尾羊	尾长超过飞节，尾部沉积大量脂肪，外观肥大而长	大尾寒羊、同羊、滩羊
肥臀羊	脂尾分成两瓣，附于臀部，并贮积大量脂肪	哈萨克羊、吉萨尔羊

表 2-2　根据生产性能的绵羊品种类别

类　别	特　征	举　例
粗毛羊（地毯毛）	由多种纤维类型的毛纤维组成，外形差异很大，产毛量低，但对原产地的自然生态环境条件具有良好的适应性	蒙古羊、西藏羊、哈萨克羊、和田羊
细毛羊	毛纤维属同一类型，毛丛长度7厘米以上，细度和长度均匀一致，具有较整齐的弯曲。羊毛细度在60～80支以上（25.0～14.5微米）	澳洲美利奴羊、新疆细毛羊、德国美利奴羊
半细毛羊	由同一类型的细毛或两性毛组成，纤维细度在32～58支（67.0～25.1微米），长度不一	凉山半细毛羊、云南半细毛羊、内蒙古半细毛羊
地方优良肉脂羊	毛被属粗毛羊，特点是能在身体的特殊部位，如臀部或尾巴上沉积大量的脂肪，同时具有较好的产肉性能，繁殖力较高	大尾寒羊、小尾寒羊、同羊、乌珠穆沁羊、兰州大尾羊、阿勒泰羊、广灵大尾羊
裘皮羊	主要产品为优质二毛裘皮，这种裘皮毛股紧密，有非常美观的毛穗结构，色泽光亮，弯曲整齐一致，被毛不擀毡，皮板轻	滩羊，贵德黑裘皮羊、岷县黑裘皮羊
羔皮羊	主要产品为具有独特美观图案的羔皮	湖羊、中国卡拉库尔羊

（续）

类　别	特　征	举　例
肉用羊	多数为经过专门化高度培育形成的生产方向专一的品种。肉羊体格大，成熟早，生长发育快，肌肉丰满，瘦肉率高，较高产羔率。羊毛杂色，长短粗细差异较大	南邱羊、萨福克羊、汉普夏羊、杜泊
奶用羊	主要产品为绵羊奶，世界著名的奶用绵羊一个泌乳期产奶量550～700千克，乳脂率6%～7%	德国奶绵羊

表2-3　根据体形结构和生产产品的重点不同的细毛羊分类

类　别	特　征	举　例
毛用细毛羊	体格偏小，皮薄而松，有较多的皮肤皱褶，颈部有1～3个明显的横皱褶，头、肢和腹毛着生良好。一般公羊有角，母羊无角，屠宰率在45%以下，一般每千克体重可产细毛60～70克，每平方厘米羊毛纤维数可达到8 000根以上	澳洲美利奴羊、中国美利奴羊
毛肉兼用细毛羊	体格中等大小，颈部有1～3个完全或不完全的（横）皱褶，公羊有角，母羊无角。屠宰率48%～50%，每千克体重可产细毛40～50克，羊毛密度中等	新疆细毛羊、山西细毛羊、甘肃细毛羊
肉毛兼用细毛羊	体格较大，全身无皱褶，颈部短粗，体躯宽深呈圆桶状，公、母羊均无角。屠宰率50%以上，每千克体重可产细毛30～40克。羊的育肥性能特别好	德国美利奴羊、泊力考斯羊

表2-4　半细毛羊分类

分类依据	类　别	特　征	举　例
羊毛细度	粗档半细毛羊	48～50支	云南半细毛羊
	细档半细毛羊	56～58支	东北半细毛羊
被毛长度	长毛种半细毛羊	毛长	凉山半细毛羊、边区莱斯特羊
	短毛种半细毛羊	毛短	牛津羊
体型结构和产品的侧重点	毛肉兼用半细毛羊	全身无皱褶，体躯宽深，呈长圆桶状，一般公羊有角，母羊无角	茨盖羊、考力代羊
	肉毛兼用半细毛羊	全身无皱褶，体躯宽深，呈长圆桶状，公母羊一般均无角	罗姆尼羊

①我国绵羊主要分布在北纬28°~50°，东经75°~135°的广大牧区、半农半牧区和农区。全国除广东、福建和台湾外，均有绵羊分布。包括寒温带、温带湿润和半湿润地区、温带干旱和半干旱地区，暖温带干旱和半干旱地区，亚热带湿润地区、暖温带、亚热带夏湿冬干地区和青藏高原区。

▶ 分布

我国绵羊品种分布见表2-5。

表2-5　不同生产方向的绵羊品种分布①

绵羊品种	分布	备注
细毛羊	我国北方的寒温带、温带干旱和半干旱地区	暖温湿润或亚热带、热带湿润的地区对绵羊的繁殖不利
半细毛羊	我国北方的寒温带、温带干旱和半干旱地区	
粗毛羊	对各种气候的适应能力较好	

2. 山羊品种分类及分布

▶ 分类

山羊品种分类见表2-6。

表2-6　根据生产产品和用途分类的山羊品种

品种类别	特征	举例
乳用山羊	山羊奶为主要生产方向，具有典型的乳用家畜体形外貌和较高的产奶能力。山羊体躯多呈楔状，轮廓鲜明、细致、紧凑，毛短而稀，均为发毛，很少绒毛。公母羊多数无角，母羊乳房发达。通常一个泌乳期（8~10个月）能产奶500~1 000千克，乳脂率4.5%。按单位活体重算，在一个泌乳期内，奶山羊每千克活体重能产鲜奶10~20千克，相当于高产奶牛单位体重鲜奶生产能力	萨能乳山羊、关中奶山羊、崂山奶山羊
肉用山羊	山羊肉为主要生产方向，具有明显的肉用家畜体形外貌和较高的产肉能力	波尔山羊、南江黄羊、马头山羊、成都麻羊
裘皮山羊	山羊沙毛裘皮为主要生产方向，裘皮毛股紧密，有非常美观的毛穗结构，被毛不擀毡，皮板轻薄结实	宁夏中卫山羊
羔皮山羊	山羊羔皮为主要生产方向，羔皮具有美丽的波浪花纹图案，皮板轻薄柔软	济宁青山羊
毛用山羊	羊毛（马海毛）为主要生产方向	安哥拉山羊

（续）

品种类别	特　征	举　例
绒用山羊（绒肉兼用山羊）	山羊绒为主要生产方向，同时具有一定的产肉能力。羊绒有白绒和紫绒两类。平均产绒量为300～600克/只，种公羊和成年母羊产绒量高者分别可达1 500克和650 克左右，绒纤维细度为15 微米左右	辽宁白绒山羊、河西白绒山羊、内蒙古白绒山羊、晋岚绒山羊
普通山羊	没有特定的生产方向，生产性能不高，数量大，分布广，大多是未经系统改良选育的地方品种	太行黑山羊、陕西白山羊、新疆山羊、西藏山羊

▶ 分布

我国山羊品种分布见表2-7。

表 2-7　不同生产方向的山羊品种分布①

品　种	分　布
绒山羊	温暖湿润的辽宁省东南部山区、冬冷夏热干旱的内蒙古西部及甘肃河西走廊
裘皮山羊	暖温带干旱、半干旱的宁夏西部、西南部和甘肃中部地区
羔皮山羊	暖温带半湿润地区的山东菏泽与济宁地区
乳用山羊	陕西、山东、山西等各省近郊县及城市郊区
肉用山羊	长江以南的亚热带、湿润、半湿润地区
普通山羊	全国各地，主要分布在温带干旱地区、暖温带半干旱地区、亚热带湿润地区、青藏高原干旱和半干旱地区

①山羊比绵羊更能适应各种生态条件，故分布范围比绵羊广。有 60 多个国家有山羊分布，我国是山羊最多的国家。牧区主要分布气候干燥、天然植被稀疏的荒漠地区和地形复杂、坡度较大的山区；农区主要分布于秦岭－淮河一线以南的地区，我国每个省（区）都有山羊分布。河南省山羊最多。

（二）体型外貌描述

目标 ●了解描述羊体型外貌的基本术语

1. 描述前提

▶ 体况要求

正常饲养管理水平的成年羊，体型外貌见表2-8。

> **姿势要求**

成年羊在平坦处自然站立。

2. 观察描述方法

> **观察距离**

距离羊体 1.5～2.0 米。

> **观察方位及部位**

（1）左侧观察　依次从前到后，四肢及蹄站立姿势。

（2）正前方观察　前胸发育，前肢站立姿势（角的形状见图 2-1，尾的形状见图 2-2）。

（3）后方观察　臀部发育，两后肢丰满度，站立姿势，检查公羊睾丸发育，检查母羊乳房及乳头发育、有无副乳头。

表 2-8　体型外貌描述

体型外貌		特 征 描 述
体型		体质是否结实、结构是否匀称、体格大小
被毛	颜色	全白、全黑、全褐、头黑、头褐、体花、其他
	长短	长、中、短
	肤色	白、黑、粉、红、其他
头部	头大小及形状	大、中、小、狭长、短宽、三角头形
	额	额宽、额平、狭窄、隆起
	角大小	粗壮、纤细、无角
	角形状	大螺旋形角、小螺旋形角、小角、姜角、弓形角、镰刀形角、对旋角、直立角、倒八字角
	鼻部	鼻梁隆起、平直、凹陷
	耳形	大、小、直立、下垂
颈部		粗、细、长、短；有无肉垂；有无皱褶
躯干部	体型	方形、长方形
	胸部	宽深、狭窄
	肋部	开张、狭窄
	背部	背直、背平、背凹
	尻部	正常、尻斜
四肢	大小及形状	粗、细、长、短
	蹄质	白色、黑色、黄色、坚硬、不坚硬

（续）

体型外貌		特征描述
尾部	尾巴形状及长短	短脂尾、长脂尾、短瘦尾、长瘦尾、脂臀尾
骨骼及 肌肉发育	骨骼	粗壮、结实、纤细
	肌肉	丰满、欠丰满、适中

大螺旋形角

小螺旋形角

倒八字角

直立角

弓形角

对旋角

镰刀形角

小角

无角

图 2-1 角的形状

长脂尾

短脂尾

脂臀尾

15

长瘦尾　　　　　　　　短瘦尾

图 2-2　尾的形状

（三）适于高效肉羊生产的主要绵山羊品种

 目标

● 了解主要肉用绵羊品种的特征及其生产性能

● 了解主要肉用山羊品种的特征及其生产性能

1. 绵羊品种

（1）杜泊羊　原产于南非。可以经受较恶劣的气候条件，抗逆性强，采食性能良好，是进行肥羔生产的首选品种（图 2-3）。

图 2-3　杜泊公羊

【外貌特征】分为黑头白体躯和白头白体躯两个品系。头长而刚健，眼大，眼睑发达，鼻强壮而隆起。额宽、不凹陷，角根发育良好或有小角。头部覆盖无光泽的短刺毛，黑头杜泊羊覆盖短黑毛，白头杜泊羊覆盖短白毛。耳小，向后斜立。颈粗短，肩宽而结实，前胸丰满，背腰平阔，臀部肥胖，肌肉多而宽，呈典型肥猪样臀型，为圆筒形体躯。四肢强壮，系部关节和蹄部刚健。全身由发毛和无髓毛组成，毛稀、短，春秋季节自动脱落，只有背部留有一片保暖，有时不用剪毛。

【生产性能】 成年公母羊体重分别为 100~110 千克和 75~90 千克，4 月龄前日增重可达 400 克左右。肥羔屠宰率高达 55%，净肉率高达 46%左右，肉质芳香、细嫩，年龄为 A 级（年轻、柔嫩、多汁）、脂肪 2~3 级、形状为 3~5 级的杜泊白羊胴体，被国际市场誉为"钻石级"羊肉。

【繁殖性能】 产羔率 180%左右。

（2）萨福克羊 原产于英国。是生产大胴体和优质羔羊肉的理想品种。

【外貌特征】体型较大，体质结实，结构匀称，公、母羊均无角，体躯白色，成年羊头、耳及四肢为黑色，且无羊毛覆盖，被毛杂有有色纤维。头短而宽，颈粗短，耳大，鬐甲宽平，胸宽深，背腰宽大平直，腹大紧凑，肋骨开张良好，后躯发育丰满，四肢粗壮结实。肌肉丰满，呈长筒状，前后躯发达（图 2-4、图 2-5）。

图 2-4 萨福克公羊　　　　图 2-5 萨福克母羊

【生产性能】 成年体重公羊 90~100 千克，母羊 65~70 千克。剪毛量成年公羊 5~6 千克，成年母羊 2.5~3.0 千克，被毛白色，毛长 8~9 厘米，细度 50~58 支。4 月龄育肥羔羊平均胴体重，公羔 24.2 千克，母羔 19.7 千克，屠宰率 50.7%。7 月龄肥羔屠宰率 55%。瘦肉率高，肌肉横断面呈大理石状，肉味鲜美。

【繁殖性能】产羔率140%～160%。

澳大利亚在黑头萨福克羊的基础上培育出白头萨福克羊，可作为生产优质肉杂羔羊的父系品种。成年体重公羊110～150千克，母羊70～100千克，屠宰率50%以上，产羔率130%～140%。

（3）特克赛尔羊 原产于荷兰。可用作经济杂交的父本生产肥羔或用于新品种的杂交培育。

【外貌特征】头大小适中，清秀，无长毛。公、母羊均无角。鼻端、眼圈为黑色。颈中等长而粗，体格大，胸圆，鬐甲宽平，背腰平直而宽，肌肉丰满，后躯发育良好（图2-6）。

图2-6 特克赛尔公羊

【生产性能】成年体重公羊115～130千克，母羊75～80千克。剪毛量成年公羊5千克，成年母羊4.5千克，净毛率60%，羊毛长度10～15厘米，细度48～50支。性早熟，羔羊70日龄前平均日增重300克，120日龄羔羊体重可达40千克，6～7月龄羊体重50～60千克，屠宰率54%～60%。

【繁殖性能】产羔率150%～200%。

（4）无角道赛特羊 原产于英国，但澳大利亚和新西兰饲养较多。可作为杂交改良的父本生产羔羊肉。

【外貌特征】 体质结实，头短而宽，耳中等大，公、母羊均无角，颈短粗，胸宽深，背腰平直，体躯较长，肌肉丰满，后躯发育好，四肢粗短，整个躯体呈圆筒状，面部、四肢及被毛为白色（图2-7）。

图2-7　无角道赛特公羊

【生产性能】 成年体重公羊90~110千克，母羊65~75千克。6月龄小母羊体重55千克。经过育肥的4月龄羔羊胴体重公羔22千克，母羔19.7千克。成年羊剪毛量2~3千克，净毛率60%左右，毛长7.5~10厘米，羊毛细度56~58支。

【繁殖性能】 性早熟，生长发育快，常年发情，能适应由热带到高寒地区的各种气候条件。母羊母性强，泌乳能力强。产羔率137%~175%。

(5) 南非肉用美利奴羊　原产于德国。属肉毛兼用品种，可作为杂交改良的父本，对本地母羊进行改良。

【外貌特征】 胸宽而深，背腰平直，肌肉丰满，后躯发育良好。公、母羊均无角。被毛白色，密而长，弯曲明显。对寒冷干燥的气候有良好的适应性，也适于舍饲半舍饲和围栏放牧等各种饲养方式（图2-8、图2-9）。

图 2-8 南非肉用美利奴羊公羊

(刘文忠提供)

图 2-9 南非肉用美利奴羊母羊

(刘文忠提供)

【生产性能】 成年体重公羊 100~140 千克，母羊 70~90 千克。4~6 周龄羔羊平均日增重 350~400 克。公母羊剪毛量分别为 7~10 千克和 4~5 千克，毛长 8~10 厘米，细度 64~68 支。产肉率高，4 月龄羔羊体重 38~45 千克，胴体重 18~22 千克，屠宰率 48%~50%。

【繁殖性能】 性早熟，母羊 12 月龄可配种繁殖，常年发情，产羔率 150%~250%。

(6) 夏洛来羊 原产于法国。可作为经济杂交的父本进行肉羊和肥羔生产。

【外貌特征】 头部无毛，脸部呈粉红色或灰色，个别羊有黑色斑点。公、母羊均无角，额宽，耳大，颈短粗。体躯长，肩宽平，胸宽而深，体躯较长，呈圆桶状。肋部拱圆，背部平直，肌肉丰满，后躯宽大。两后肢距离大，肌肉发达，呈倒 U 形，四肢较短。被毛同质，白色（图 2-10）。

【生产性能】 毛长 7 厘米左右，细度 50~60 支。成年体重公羊 70~90 千克，母羊 80~100 千克。4 月龄育肥羔羊体重 35~45 千克。6 月龄体重公羔 48~53 千克，母羔 38~43 千克。4~6 月龄羔羊胴体重 20~23 千克，胴体质量好，瘦肉率高，脂肪少，屠宰率 50%。

图 2-10 夏洛莱羊① (母羊)

① 早熟，耐粗饲，采食能力强，对寒冷和干热气候适应性较好，是生产肥羔的优良品种。

【繁殖性能】 产羔率，初产母羊 135%，经产母羊 180%。

(7) 澳洲白绵羊 原产于澳大利亚，是澳大利亚第一个利用现代基因测定手段培育的品种，集成了白杜泊羊、万瑞羊、无角道赛特羊和特克赛尔羊等品种基因，培育的专门用于与杜泊羊配套的、粗毛型的中、大型肉羊品种，2009 年在澳大利亚注册。用作三元配套的终端父本，可以产出在生长速率、个体重、出肉率和出栏周期短等方面理想的商品羔羊。

【外貌特征】 被毛白色，为粗毛粗发。耳朵和鼻偶见小黑点，头部和腿被毛短，嘴唇、鼻、眼角无毛处、外阴、肛门、蹄甲有色素沉积，呈暗黑灰色。公母羊均无角。头略短小，宽度适中，呈三角形，额平。鼻梁宽大，略微隆起，鼻孔大。下颌宽大，结实，肌肉发达，牙齿整齐。耳中等大小，半下垂。颈长短适中，公羊颈部强壮、宽厚，母羊颈部结实、精致。肩胛与背平齐，肩胛骨附着肌肉发达。胸深呈桶状，腰背平直。臀部宽而长，后躯深，肌肉发达饱满，臀部后视呈方形。

【生产性能】 在放牧条件下 5~6 月龄胴体重可达到 23 千克。舍饲条件下，该品种 6 月龄胴体重可达 26 千克，且脂肪覆盖均匀，板皮质量具佳。

（8）德国美利奴羊 原产于德国，是肉毛兼用型品种。可用于改良农区、半农半牧区的粗毛羊或细杂母羊，增加羊肉产量。

【外貌特征】 体格大，体质结实，结构匀称。被毛白色，密而长，弯曲明显。头颈结合良好，公、母羊均无角，颈部及体躯皆无皱褶。胸宽深，背腰平直，肌肉丰满，后躯发育良好。

【生产性能】 成年体重公羊 90~100 千克，母羊 60~65 千克。成年羊剪毛量公羊 10~11 千克，母羊 4.5~5.0 千克，羊毛长度 7.5~9.0 厘米，细度 60~64 支。羔羊生长发育快，早熟，肉用性能好，6 月龄羔羊体重达 40~45 千克，胴体重 19~23 千克，屠宰率 47.5%~51.1%。

【繁殖性能】 产羔率为 140%~175%。

（9）巴美肉羊 巴美肉羊是以当地细杂羊为母本，德国肉用美利奴羊为父本，由内蒙古自治区培育的肉毛兼用品种。具有适合舍饲圈养、耐粗饲、抗逆性强、适应性好、羔羊育肥增重快、性成熟早等特点。

【外貌特征】 该品种被毛同质白色，呈毛丛结构，闭合性良好，以 60~64 支为主。皮肤为粉色。体格较大，体质结实，结构匀称，骨骼粗壮、结实。肌肉丰满，肉用体型明显、呈圆桶形。头呈三角形，公、母羊均无角，头部至两眼连线、前肢至腕关节和后肢至飞节均覆盖有细毛。颈短宽。胸宽而深，背腰平直，体躯较长。四肢坚实有力，蹄质结实。短瘦尾，呈下垂状。

【生产性能】 成年体重公羊 109.9 千克，母羊 63.3 千克以上。育成体重公羊 70 千克以上，母羊 50 千克以上。成年公羊屠宰率 50.4%，净肉率 35.5%。

【繁殖性能】 10~12 月龄即可进行第一次配种，经产母羊产羔率 150%~200%。

(10) 湖羊　原产于太湖流域的浙江省湖州市、嘉兴市和江苏的吴中、太仓等地，是我国特有的白色羔皮用粗毛羊地方品种。是发展羔羊肉生产和培育肉羊新品种的母本素材。

【外貌特征】　全身被毛白色。体格中等，头狭长而清秀，鼻骨隆起，公、母羊均无角，眼大凸出，多数耳大下垂。颈细长，体躯长，胸较狭窄，背腰平直，腹微下垂，四肢偏细而高。母羊尻部略高于鬐甲，乳房发达。公羊体型较大，前躯发达，胸宽深，胸毛粗长。短脂尾，尾呈扁圆形，尾尖上翘。被毛异质，呈毛丛结构，腹毛稀而粗短，颈部及四肢无绒毛（图2-11）。

图 2-11　湖　羊①

左图：公羊；右图：母羊

【生产性能】　成年公母羊体重分别为 52 千克和 39 千克；周岁公母羊体重分别为 35 千克和 26 千克；发育快的 6 月龄羔羊体重可达成年羊的 87%，成年羊屠宰率 40%~50%，肉质细嫩鲜美，无膻味。产后 1~2 日宰剥的湖羊羔皮（小湖羊皮）毛色洁白，具有扑而不散的波浪花和片花及其他花纹，光泽好，皮板轻薄而致密。

【繁殖性能】　平均产羔率 228.9%。

①中国特有的羔皮用绵羊品种，也是目前世界上少有的白色羔皮品种。对潮湿、多雨的亚热带产区气候和常年舍饲的饲养管理方式适应性强，是发展羔羊肉生产和培育肉羊新品种的母本素材。

（11）**小尾寒羊** 原产于山东南部、河北南部与东部、安徽北部、江苏北部等地，是肉裘兼用型绵羊品种。适于农区舍饲或小群放牧，羔羊可制裘等。

【外貌特征】 被毛白色，极少数眼圈、耳尖、两颊或嘴角以及四肢有黑褐色斑点。体质结实，体格高大，结构匀称，骨骼结实，肌肉发达。头清秀，鼻梁稍隆起，眼大有神，耳大下垂，嘴宽而齐。公羊有较大的三菱形螺旋角，母羊半数有小角或角基。公羊颈粗壮，母羊颈较长。公羊前胸较宽深，鬐甲高，背腰平直，前后躯发育匀称，侧视略呈方形。母羊胸部较深，腹部大而不下垂；乳房容积大，基部宽广，质地柔软，乳头大小适中。四肢高而粗壮有力，蹄质坚实。短脂尾，尾呈椭圆扇形，下端有纵沟，尾尖上翻（图2-12）。

图 2-12 小尾寒羊①
左图：公羊；右图：母羊

【生产性能】 早期生长发育迅速，成年体重公羊94.15千克，母羊48.75千克。屠宰率47%～57%。

【繁殖性能】 四季发情，繁殖力强，平均产羔率260%。

（12）**乌珠穆沁羊** 原产于内蒙古锡林郭勒盟东部乌珠穆沁草原，分布于东西乌珠穆沁旗两旗。适于天然草场四季大群放牧饲养。

【外貌特征】体质结实，体格大，头中等大小，额稍宽，鼻梁微凸，耳大下垂，公羊有螺旋状角，少数无角，

①生长发育快，产肉性能好，适应性好，体格高大，早熟多胎，常年发情，适于农区舍饲或小群放牧，羔羊可制裘等。

母羊多数无角，体躯长，主要是部分羊的肋骨和腰椎数量比较多，14 对肋骨者占 10%以上，有 7 节腰椎者约占 40%，背腰宽平，后躯发育良好，十字部略高于鬐甲部，尾肥大呈四方形，膘好的羊，尾中部有一纵沟将其分为两半。毛色以黑头羊居多，约占 62.1%，全身白色者约占 10%，体躯花色者约占 11%（图 2-13）。

图 2-13　乌珠穆沁羊①

①产于内蒙古锡林郭勒盟东部乌珠穆沁草原，分布于东西乌珠穆沁旗。以体大、尾大、肉脂多、羔羊生长发育快而著称。饲养管理极为粗放，采食力强，抓膘快，适于天然草场四季大群放牧饲养。

【生产性能】6 月龄、12 月龄、成年：公母羊体重平均分别为 39.6 千克和 35.9 千克，53.8 千克和 46.67 千克，74.43 千克和 58.4 千克。6 月龄羯羔，宰前活重 35.7 千克，胴体重 17.9 千克，净肉重 11.8 千克，尾脂重 1.7 千克，屠宰率 50.0%，净肉率 65.9%；1.5 岁羯羊上述指标相应为 51.5 千克、24.8 千克、17.1 千克、2.7 千克、48.1%和 69.0%；成年羊的上述指标相应为 70.5 千克、39.3 千克、27.2 千克、4.4 千克、55.0%、69.2%。

【繁殖性能】产羔率低，仅 100.69%。

（13）多浪羊　原产于新疆喀什地区麦盖提县。适宜于小群高效饲养。

【外貌特征】体格硕大，头较长，鼻梁隆起，耳大下垂，眼大有神，公羊无角或有小角，母羊皆无角，颈窄而细长，胸宽深，肩宽，肋骨拱圆，背腰平直，躯干长，后躯肌肉发达，尾大而下垂，尾沟深，四肢高而有力，蹄质结实。初生羔羊全身被毛多为褐色或棕黄色，也有少数为黑色或深褐色，个别为白色，第一次剪毛后体躯毛色多变为灰白色或白色，但头部、耳及四肢保持初生时毛色，一般终身不变（图2-14）。

图2-14 多浪羊① （公羊）

①适宜于小群高效饲养。以舍饲为主，放牧为辅，生长发育快，遗传性能稳定。

【生产性能】成年公羊体重105.9千克、胴体重59.8千克、尾脂重10.0千克、屠宰率56.1%、净肉率67.9%；成年母羊相应为78.8千克、55.2千克、3.3千克、55.2%、46.7%；周岁公羊相应为63.3千克、32.7千克、4.2千克、56.1%、69.4%；周岁母羊相应为45.0千克、23.6千克、2.3千克、54.8%、71.5%。成年公母羊剪毛量分别为3.0～3.5千克和2.0～2.5千克。

【繁殖性能】性早熟，初配年龄一般为8月龄，母羊常年发情，产羔率在200%以上。

2. 山羊品种

（1）波尔山羊 原产于南非。可作为肉用山羊改良和新品种培育的父本品种，用于提高本地山羊的产肉性能和繁殖性能。

【**外貌特征**】公羊角较宽且向外弯曲，母羊角小而直，头大额宽，眼睛棕色，目光柔和，公羊有髯，耳大下垂，鹰钩鼻，头部和颈部褐色，唇部至额顶有一条白带，允许头部皮肤有一定数量色斑，被毛白色，毛短或毛长中等，无绒毛；体躯长、宽、深，肋骨开张和发育良好，腹圆大而紧凑，背腰平直，后躯发达，尻宽长而不斜，臀部肥厚但轮廓可见。整个体躯呈圆桶状。四肢结实有力。全身皮肤松软，弹性好，胸部和颈部有皱褶，公羊皱褶较多（图2-15、图2-16）。

图2-15　波尔山羊[①]公羊

（雷福林提供）

图2-16　波尔山羊母羊

【**生产性能**】成年体重公羊105～135千克，母羊90～100千克。3月龄断奶体重公羔29千克，母羔25.5千克。日增重公羔、母羔分别为284克和253克。周岁公母羊体重分别为70千克和53千克。屠宰率8～10月龄羊为48%，周岁羊为50%，2岁羊为52%，3岁羊为54%，成年羊为56%～60%。一般以活重38～43千克、胴体重不超过23千克的青年羊最受欢迎。

【**繁殖性能**】产羔率160%～200%。

（2）南江黄羊　原产于四川省南江县，是经过7年选育而成的肉用型山羊品种，1998年由农业部批准正式命名。

【**外貌特征**】体型高大，公、母羊大多有角，有角者

①目前世界上惟一公认的专门肉用山羊品种，用作终端父本，可提高后代的生长速度和产肉性能，其杂交效果十分显著。具有最广泛的适应性，能适应寒冷环境、内陆气候和干旱缺水沙漠。对草料滋味的选择依次为咸、甜、酸、苦，厌食腥膻。采食频率以黄昏时为高峰期，清晨为次高峰期，中午和下午采食频率较慢。善于长距离采食，抗病力强。

占 61.5%，角向上、向后、向外呈八字形，有髯，头大小适中，耳长直或微垂，鼻梁微拱，公羊颈粗短，母羊细长，背腰平直，前胸深广，尻部略斜，四肢粗壮，体躯略呈圆桶形。被毛黄色，毛短，富有光泽，面部多呈黑色，鼻梁两侧有一对称黄白色条纹，沿背脊有一条由宽而窄至十字部后渐浅的黑色毛带，公羊前胸、颈下毛黑黄色较长，四肢上端着生有黑色较长粗毛（图 2-17）。

【生产性能】成年体重公羊 66.87 千克，母羊 45.6 千克。6 月龄日增重 110~140 克。最佳屠宰期 8~10 月龄，肉质鲜嫩，胆固醇含量低，营养丰富，膻味小。8 月龄和 10 月龄羯羊的屠宰率分别为 47.63% 和 47.7%，骨肉比分别为 1：3.48 和 1：3.7。

【繁殖性能】产羔率 200% 左右。

图 2-17　南江黄羊①
左图：公羊；右图：母羊

① 又称亚洲黄羊，于 1995 年育成，1998 年农业部正式批准命名，是我国培育的第一个肉用山羊新品种。

（3）成都麻羊　原产于四川省成都平原及其附近丘陵地区，适于南方亚热带湿润山地陵丘饲养，属于肉乳兼用型。

【外貌特征】公、母羊大多数有角，公羊角粗大，母羊角短小，公羊和多数母羊有髯，且多为黑色，部分有肉垂。头中等大，两耳侧伸，额宽而微突，鼻梁平直。

公羊前躯发达，体态雄壮，体形呈长方形；母羊后躯深广，背腰平直，尻部略斜，乳房呈球形，体形较清秀，略呈楔形。被毛呈棕黄色，为短毛型，单根纤维毛尖为黑色，中段为棕黄色，下段为黑灰色，在体躯上有2条黑色毛带①，二者在鬐甲部交叉，构成明显的十字形。此外，从角基部前缘，经内眼角沿鼻梁两侧，至口角各有一条纺锤形浅黄色毛带，形似画眉鸟的画眉（图2-18）。

图2-18　成都麻羊②

【生产性能】成年体重公羊43.02千克，母羊32.62千克。周岁羯羊屠宰率49.66%，净肉率75.8%。成年羯羊屠宰率54.34%，净肉率79.1%。

【繁殖性能】产羔率210%，产单羔、双羔、三羔的比例分别为13.63%、66.83%和19.54%。

（4）太行山羊　又称黎城大青羊、武安山羊和太行黑山羊等，原产于太行山东、西两侧的山西、河北、河南三省接壤地区。是肉、绒、皮兼用地方优良品种。

【外貌特征】体质结实，体格中等。头大小适中，耳小前伸，公母羊均有髯，绝大部分有角，少数无角或有角基。角型主要有两种：一种角直立扭转向上，少数在上1/3处交叉；另一种角向后向两侧分开，呈倒八字形。公羊角较长呈拧扭状，公、母羊角都为扁状。颈短粗。胸深而宽，背腰平直，后躯比前躯高。四肢强健，蹄质坚实。尾短小而上翘，紧贴于尻端。毛色主要为黑色，

①一条是从两角基部中点沿颈脊、背线至尾根的纯黑色毛带，另一条是沿两侧肩胛经前肢至蹄冠的纯黑色毛带，公羊黑色毛带宽于母羊。

②整个被毛有棕黄而带黑麻的感觉，故称麻羊。也有人认为整个被毛呈赤铜色，故又称为铜羊。

29

少数为褐、青、灰、白色。还有一种"画眉脸"羊，颈、下腹、股部为白色。毛被由长粗毛和绒毛组成（图2-19、图2-20）。

【生产性能】体格高大，体质结实，体躯结构匀称，肌肉丰满，属肉绒兼用品种。成年体重公羊42.67千克，母羊38.85千克。只均产绒200克左右，屠宰率41%。

【繁殖性能】性晚熟，1.5岁配种。产羔率136%。

图2-19　太行山羊公羊

图2-20　太行山羊母羊

（5）马头山羊　原产于湖北省十堰、恩施等地区和湖南省常德、黔阳等地区。是肉皮兼用的地方优良品种之一。其体型、体重、初生重等指标在国内地方品种中居前列，是国内山羊地方品种中生长速度较快、体型较大、肉用性能较好的品种之一。

【**外貌特征**】体躯呈长方形，体质结实，公、母羊均无角，有髯，部分羊有肉垂，耳向前略下垂，公羊颈粗短，母羊颈细长，肉用体型明显，母羊乳房发育良好。被毛以白色为主，次为黑、麻及杂色，短毛，冬季生少量绒毛，额和颈部着生有长粗毛（图2-21）。

【**生产性能**】成年体重公羊50.8千克，母羊33.7千克。12月龄羯羊胴体重14.2千克，屠宰率54.1%。

【**繁殖性能**】产羔率190%~200%。

图2-21　马头山羊①

（6）雷州山羊　原产于广东省雷州半岛一带，以产肉和板皮而著名的地方山羊品种。

【**外貌特征**】体质结实，头直，有角，有髯，颈细长，颈前与头部相接处较狭，颈后与胸部相连处逐渐增大，鬐甲稍隆起，背腰平直，臀部多为短狭而倾斜，十字部高，胸稍窄，腹大而下垂，耳中等大，母羊乳房发育良好、呈球形，被毛短密，多为黑色，角、蹄为黑褐色，有少数麻色及褐色个体（图2-22）。按体形有高脚和矮脚两个类型。

①原产于湘、鄂西部山区，我国南方山区优良肉用山羊品种。具有早熟、繁殖力高、产肉性能和板皮品质好的特点。

图 2-22　雷州山羊①(母羊)

①我国热带地区以产肉为主培育的优良地方山羊品种。

【生产性能】　成年体重公羊 50 千克，母羊 45 千克。屠宰率 50%~60%。

【繁殖性能】　产羔率 150%~200%。

三、羊场建设与环境控制

规划和建设羊场必须充分满足羊只生理和生长的要求，根据饲养规模、长远发展规划及本地的自然条件，有利于羊的饲养管理，有效地控制环境，能够使羊群达到最佳的生产性能，并坚持因地制宜的原则。

羊场的建设要从场址选择、场内规划布局、羊舍建筑结构、卫生防疫设施和场内外环境控制等方面进行综合考虑。

（一）场址选择

目标
● 了解并掌握羊场场址选择的依据

选择适宜的羊场建设位置与科学规划布局羊场建筑物，是建设养羊生产的基本环境条件，是羊场环境控制的前提。良好的羊场应具备以下三个条件：一是保证场内有较好的小气候环境，有利于羊舍内环境的控制；二是便于严格执行羊的各项防疫制度和措施；三是便于合理组织生产，提高饲养人员的工作效率和设备利用率。

羊场场址选择就是确定羊场的建设位置[1]。

1. 地势高燥

干燥通风、冬暖夏凉的环境是羊最适宜的生活环境[2]。

尽量选择地势较高，地形平坦、开阔、方正，背风向阳，土层透水性好，排水良好，南向或东南向斜坡，

[1] 场址的好坏关系到养羊的成败、成本与对环境的污染。
[2] 低洼潮湿的环境易使羊感染寄生虫病或发生腐蹄病。

33

①切忌在低洼涝地、山洪水道、冬季风口、泥石流通道等地方建场，达到既有利于防洪排涝，而又不至于发生断层、陷落、滑坡或塌方，不受风沙和暴风雪危害。

通风干燥、树木不过多的地方建场①。山区防止建在山顶或山谷，地势倾斜度在 1% ~ 3% 为宜。

建场地点的地下水位一般在 2 米以下，最高地下水位需在青贮坑底部 0.5 米以下。

2. 土地开发利用价值低

尽可能占用非耕地资源，充分利用荒坡。场址的土壤未被有机物污染，以沙壤土和壤土最好（不同土壤类型比较见表 3-1）。

表 3-1 不同土壤类型比较

土壤类型	优 缺 点
沙土及沙石土	透水透气性好，易干燥，受有机物污染后自净能力强，场区空气卫生状况好，抗压能力一般较强；热容量大，昼夜温差大
黏土	透水透气性差，易潮湿，受有机物污染后，降解速度慢，自净能力差；抗压性能差，易冻胀
沙壤土和壤土	介于沙土和黏土之间，是最好的土壤，是理想的牧场用地

②舍饲羊日需水量高于放牧的羊，夏秋季高于冬春季，一般每只羊耗水量 3~10 升。

3. 水源供应充足，水质良好

场址在水源的下头。根据羊群需水量规律②，保证供给。

以泉水、溪水、井水和自来水较理想。不能让羊饮用池塘或洼地的死水（水质卫生标准见表 3-2）。

表 3-2 水质卫生标准

指 标	卫 生 标 准
感官性状	达到无色，透明，无异味。色度不超过 15°，不呈现其他异色；浑浊度不超过 5°，无异臭或异味；不含肉眼可见物
化学指标	pH 6.5 ~ 8.5；可溶性固化物 < 1 000 毫克/升；Fe < 0.3 毫克/升；$CaSO_4$ < 0.3 毫克/升；$CaCO_3$ < 75 毫克/升；Cu、Mn、Zn < 0.5 毫克/升；阳离子合成洗涤剂 < 0.3 毫克/升；硝酸盐和亚硝酸盐 < 100 毫克/升
毒理指标	氰化物 < 0.05 毫克/升；Hg < 0.001 毫克/升；Pb < 0.1 毫克/升
细菌学指标	细菌总数 < 100 个/升；大肠杆菌 < 3 个/升

4. 饲草资源充足

饲草供应坚持就地取材的原则。要求周围及附近要有丰富的饲草资源。

5. 交通便利

场址应选在不紧邻交通要道，又兼顾饲草运输、羊产品销售等。同时要考虑能源供应和通讯条件。

6. 保证防疫安全

◆ 不能在有传染病和寄生虫病的疫区建场。

◆ 建在居民点的下风向，距离住宅区至少 300 米。

◆ 建在污染源的上坡上风方向。

◆ 远离活畜市场、其他羊场、食品加工厂、屠宰场等，尽量避开附近羊群转场通道。

◆ 主要圈舍区距公路、铁路交通干线、河流 500 米以上。

◆ 场内隔离区应位于下风方向，距主设施 500 米以上。

7. 面积适当

羊均建筑面积应达到 2 米² 左右，饲草料地面积 60 ~ 100 米²，场地面积一般是建筑面积的 3 ~ 5 倍。

（二）羊场布局

目标 ● 了解羊场布局及羊舍朝向

1. 场地规划　见图 3-1。

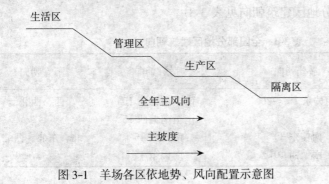

图 3-1　羊场各区依地势、风向配置示意图

2. 布局

布局是对各功能区建筑物的详细设置。羊场规模大小及生产性质不同，羊场的建筑设施配置不同，在对各区进行布局前，必须初步确定各区所需的建筑物类别与数量要求、规格，必须遵循统筹安排、整体规划、因地制宜与科学实用的原则。

（1）运粪通道不能与羊只和饲草料的运输同道。

（2）饲料贮存间、羊产品贮藏及初加工建筑宜设在靠近生产羊群的一侧，紧贴生产区围墙，将运出的门直接开在围墙上，以避免运输工具进入生产区内。

（3）羊舍应布置在生产区域的中心位置，平行排列整齐，如不超过4栋，呈一行排列，需要饲料多的羊舍集中在中央。超过4栋的呈两行排列。两行羊舍端墙之间应有15米的间隔，既可保证最短的运输、供水、输电距离，也可保证一致的采光，并有利于通风。前后两栋羊舍之间的距离应不小于20米。

（4）种公羊舍离人工授精室较近；种母羊用草料多，羊舍应靠近饲草料调制间；产羔舍应侧重于保暖，且离饲养人员居住室较近；种羊舍要比商品羊舍远离粪污处理区。

3. 建筑朝向

羊舍朝向以南向为好[1]，可因地制宜向东或向西有15°的偏转[2]。南方夏季炎热，宜适当向东偏转（全国部分地区建筑朝向见表3-3）。

①我国地处北纬20°~50°，太阳高度角冬季小，夏季大。

②考虑当地地势、地形、主风向及其他条件。

表3-3　全国部分地区建筑朝向

地　区	最佳朝向	适宜朝向	不宜朝向
哈 尔 滨	南偏东15°~20°	南至南偏东15° 南至南偏西15°	西、西北
长　春	南偏东30° 南偏西10°	南偏西45° 南偏东45°	北、东北、西北

（续）

地　区	最佳朝向	适宜朝向	不宜朝向
沈　阳	南、南偏东 20°	南偏东至东 南偏西至西	东北、北、西北
呼和浩特	南至南偏东 南至南偏西	东南、西南	北、西北
北　京	南偏东 30°以内 南偏西 30°以内	南偏东 45°以内 南偏西 45°以内	北偏西 30°～60°
石家庄	南偏东 15°	南至南偏东 10°～20°	西
太　原	南偏东 15°	南偏东到东	西北
郑　州	南偏东 15°	南偏东 25°	西北
武　汉	南偏西 15°	南偏东 15°	西、西北
长　沙	南偏西 9°左右	南	西、西北
广　州	南偏东 15° 南偏西 5°	南偏东 23° 南偏西 5°、西	
南　宁	南、南偏东 15° 西偏北 5°～10°	南、南偏东 15°～20° 南偏西 5°	东、西
济　南	南、南偏东 10°～15°	南偏东 30°	
青　岛	南、南偏东 5°～15°	南偏东 15°至南偏西 15°	西、北
南　京	南偏东 15°	南偏东 25° 南偏西 10°	西、北
合　肥	南偏东 5°～15°	南偏东 15° 南偏西 5°	西 北、西
杭　州	南偏东 10°～15° 北偏东 6°	南、南偏东 30°	北、西北
上　海	南至南偏东 15°	南偏东 30° 南偏西 15°	西
福　州	南、南偏东 5°～10°	南偏东 20°内	西、西北
西　安	南偏东 10°	南、南偏西	西、西北
银　川	南至南偏东 23°	南、南偏东 34° 南偏西 20°	北、西北
西　宁	南至南偏西 30°	南偏东 30°至南偏西 30° 东南、东、西	北、西北
乌鲁木齐	南偏东 40° 南偏西 30°	南偏东 45°至东偏北 30°	西、北
成　都	南偏东 45° 南偏西 15°	南偏东 25°～26° 北偏东 35°西、北偏西 35°	西、北
重　庆	南、南偏东 10°	南偏东 10°	
厦　门	南偏东 5°～10°	南、南偏东 10°	东、西、北

（三）羊舍建造

目标
● 了解羊舍建造的原则
● 掌握羊舍的建造
● 了解羊舍的建筑类型

1. 基本原则

（1）应考虑不同生产类型羊的特殊生理需求，以保证羊群有良好的生活环境，包括温度、湿度、空气质量、光照、地面硬度及导热性等。

（2）因地制宜，经济实用。要充分考虑当地的气候、场址的形状、地形地貌、小气候、土质及周边的实际情况。如平地建场，必须搭棚盖房；在沟壑地带建场，挖洞筑窑作为羊舍更加经济实用。

（3）结实牢固，造价低廉。羊舍建筑与设施本着一劳永逸和就地取材的原则修筑和建造。如圈栏、隔栏、圈门、饲槽等，一定要修得特别牢固，以减少以后维修的麻烦。

（4）应符合生产流程要求，有利于减轻管理强度和提高劳动效率。

（5）应符合卫生防疫需要，力求隔绝疫病传播途径。

（6）要注意防火、防冷风等，保证生产安全。

（7）急需先建，逐步完善①。

2. 羊舍建造

▶ **面积**

依羊的生产方向、性别、年龄、生理状态、气候条件不同而有差异②。

设置的运动场面积应为羊舍的 2～2.5 倍，产羔室面积按产羔母羊数的 25% 计。各类羊只及不同生理阶段羊只需要的面积分别见表 3-4 和表 3-5。

①羊场基本设施的建设一般都是分期分批进行的。

②面积过小会导致舍内拥挤、潮湿、空气污染严重，不利于羊群健康和管理；面积过大，浪费财物，不利于冬季保温，加大单位面积养羊成本。

表 3-4　各类羊只需要的面积（米²/只）

类别	细毛羊、半细毛羊	奶山羊	绒山羊	肉用羊	毛皮羊
面积	1.5～2.5	2.0～2.5	1.5～2.5	1.0～2.0	1.2～2.0

表 3-5　不同生理阶段羊只需要的面积（米²/只）

类别	冬季产羔母羊	春季产羔母羊	成年母羊	公羊单饲	公羊群饲	育成公羊	周岁母羊	去势羔羊	3～4 月龄羔羊
面积	1.4～2.0	1.1～1.2	0.8～1.0	4.0～6.0	2.0～2.5	0.7～1.0	0.7～0.8	0.6～0.8	0.3～0.4

▶ 建筑材料

坚持"就地取材，经济耐用"的原则。条件好的地方可建造坚固的永久性羊舍（几种羊舍建筑材料见图 3-2）。

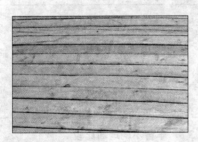

木材

砖

石头

图 3-2　几种羊舍建筑材料

长度、跨度和高度

根据所选择的建筑类型和面积确定。不同类型羊舍的跨度和高度见表3-6。

表3-6 不同类型羊舍的跨度和高度（米）

羊舍类型	跨　度	檐口高度	地面到棚顶高度	备　注
单　坡　式	5～6	2.4～3	约2.5	
双坡单列式	6～8	2.4～3	约2.5	潮湿地区及羊只多时可适当高些
双　列　式	10～12	2.4～3	约2.5	

①地面是羊躺卧休息、采食、排泄和运动的地方，北方通常采用地面作羊床。

温度、湿度和通风地面

一般要求地面①保温性好，用导热小的材料建造（建设羊舍所需的相关指标分别见表3-7和表3-8）。

表3-7 羊舍的温度、湿度和通风

季　节	温　度	相对湿度（%）	通风（米³/只·分钟）
夏　季	低于30℃	60左右	1.2～1.5
冬　季	一般羊舍0℃以上，产羔室10℃左右	50～70	0.5～0.7

表3-8 羊舍不同地面比较

类　型	特　性	优　点	缺　点	注意事项
土质地面	软地面	地面柔软，富有弹性，不光滑，易于去表换新和保温，造价低廉	不够坚固，易出现小坑，易潮湿，不便消毒	只适合于干燥地面。可混入石灰增强黄土的黏固性，也可用三合土（石灰：碎石：黏土＝1：2：4）地面
砖砌地面	硬地面	砖的空隙较多，导热性小，具有一定的保温性能	吸水后，经冻易破碎，加上本身磨损的特点，易形成坑穴，不便于清扫和消毒	砖宜立砌，不宜平铺

（续）

类　型	特　性	优　　点	缺　　点	注意事项
水泥地面	硬地面	结实、不透水、便于清扫和消毒	造价高，地面太硬，导热性强，保温性能差	防止地面湿滑，可将表面做成麻面
木质地面		保暖，便于清扫和消毒	易潮湿变形，成本较高	目前主要用于价格较高的种羊群
漏缝地板[①]		卧地干燥，省工省时，效率高	不利于防止疾病在舍内传播，造价较高	需配以污水处理设备

　　舍内地面要高出舍外地平面 20～30 厘米，由里向外保持一定的坡度（2～3 厘米），在靠墙一端开设排粪尿口，便于排污，保持干燥。地面处理要求致密、坚实、平整、无裂缝、不硬滑、不渗水，达到羊卧息舒服，防止四肢受伤或蹄病发生。

▶ **墙体**

　　墙体对羊舍的保温与隔热起重要作用。墙越厚，保温性能越好。一般多采用土墙、砖墙和石墙等。砖墙最常用，其厚度分为半砖墙、一砖墙和一砖半墙。近年来采用金属铝板、胶合板、钢构件、玻璃纤维料等建成保温隔热墙，效果很好。

▶ **屋顶和天棚**

　　屋顶具有防雨和保温隔热功能，通常采用多层建筑材料，以增加屋顶的保温性。挡雨层可用陶瓦、石棉瓦、木板、塑料薄膜、金属板和油毡等。在挡雨层下面应铺设玻璃丝、泡沫板和聚氨酯等保温隔热材料。

　　在一些寒冷的地区，在屋顶加有天棚，以降低羊舍净高，其上可贮存冬干草，能增强羊舍的保温性能。一般羊舍地面距天棚 2.5 米左右，距屋檐 1.8～2.0 米。单坡式羊舍，一般前高 2.2～2.5 米，后高 1.7～2.0 米，屋顶斜面呈 45°。天棚顶部有百叶窗通气孔，其面积为进气孔（距墙基 5～10 厘米）面积的 1.5～2.0 倍。

①漏缝地板用软木条、木棒、水泥预制板或锌合金钢丝网等材料制成。木条宽 3.2 厘米，厚 3.6 厘米，缝隙宽 1.5 厘米，适合于成年母羊和 10 周龄羔羊。

▶ 门和窗

羊舍的门窗应尽量宽敞，有利于舍内通风干燥，也便于车辆进入，保证舍内有足够的光照，同时也兼顾积粪出圈的方便（羊舍门、窗要求见表3-9至表3-10）。

①分栏饲养的栏门。

②在冬季寒冷地区多采用双层结构（其中一层用PVC塑料门帘）。

③防止贼风直接吹袭羊体。

④主要作用是采光、通风、散热和保暖。前窗（向阳窗）大于后窗，窗户的分布与间距要均匀。

表3-9　羊舍门的建造

类型	宽度（米）	高度（米）	数目（个）	位置	建造材料
大型羊舍门	2.5~3.0	2.0~2.5		羊舍两端，正对通道，向阳，向外开②	木材、钢材等
小型羊舍门	1.2~1.5	2.0	1~2		
栏门①	不低于1.5				

表3-10　羊舍窗户的建造

宽度（米）	高度（米）	距地面高度（米）	面积	建造材料
1.0~1.3	0.7~0.9	不低于1.5③	一般占地面面积的1/15	木材、玻璃、竹笆、荆笆等④

▶ 采光

羊舍采光要求见图3-3、图3-4、表3-11。

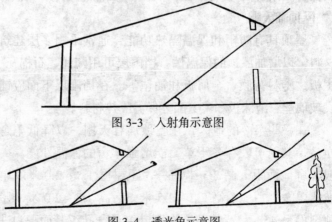

图3-3　入射角示意图

图3-4　透光角示意图
1.窗外无高大建筑物等　2.窗外有高大建筑物等

表 3-11　羊舍采光参数表

采光系数[1]		入射 透光		自然照度系数[4]		光照时间（小时）	
成年羊舍	产羔羊舍	角[2]	角[3]	肉羊舍	公母羊、断奶羊及产羔舍	公母羊舍	怀孕母羊舍
1：15～25	1：15～20	≥25°	≥5°	0.35%	0.5%	8～10	16～18

▶ **运动场**

　　单列式羊舍坐北朝南排列，运动场应设在羊舍的南面；双列式羊舍应南北向排列，运动场应设在羊舍的东西两侧，以利于采光。运动场地面应低于羊舍地面，可用砖、水泥、石板和沙质土壤。地面平坦干燥，围墙完整坚固，围墙高 1.2～1.5 米，周边应有排水沟。

　　3. 羊舍建筑式样

　　建筑羊舍是改善和控制生产环境的主要手段。羊舍建筑类型依据自然地理环境条件、生产方式、饲养要求、建筑场地、建材选用、传统习惯和经济实力的不同而不同（表 3-12、图 3-5、图 3-6）。

表 3-12　羊舍的建筑类型

分类依据	羊床和饲槽排列	墙体封闭程度	屋顶样式	圈底	羊舍类型的形状	平面
羊舍类型	单列式 双列式	封闭式 开放式 半开放式	单坡式 双坡式 圆拱式	垫圈式 楼式	一形[5] ⌐形 ⊓形	长方形 直角形 半口形

▶ **长方形房屋式羊舍**

　　羊舍[6]为长方形，屋顶中央有脊，两侧为陡坡，又称双列式。墙壁采用砖、石或土坯砌制而成。运动场可修在羊舍外的一侧或两侧，其面积相当于舍内面积的 3～5 倍并有遮阳设施。羊舍和运动场可根据需要隔成小间，供不同生理阶段的羊使用。相关举例见图 3-7。

①指窗户有效采光面积与舍内地面面积之比。

②是羊舍地面中央的一点到窗户上缘（或屋檐）所引的直线与地面水平线之间的夹角。

③又叫开角，是羊舍地面中央一点向窗户上缘（或屋檐）和下缘引出两条直线所形成的夹角。如果窗外有树或其他建筑物，引向窗户下缘的直线应改为引向大树或建筑物的最高点。

④舍内水平面上散射光的照度与同一时刻舍外空旷无遮光物地点的天空散射光的水平照度的比值。

⑤我国多采用一字形，一字形羊舍多为双列式，包括双列对头式和双列对尾式。

⑥这是中国养羊业普遍采用的一种羊舍形式，实用性强，利用率高，建筑方便。

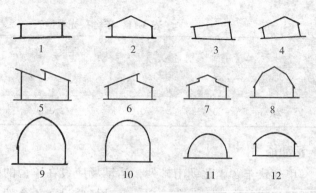

图 3-5　屋顶形式示意图

1.平屋顶　2.双坡式屋顶　3.单坡式屋顶　4.联合式屋顶

5.锯齿式屋顶　6.半钟楼式屋顶　7.钟楼式屋顶　8.双折式屋顶

9.歌德式屋顶　10.拱式屋顶　11.半圆桶式屋顶　12.平拱屋顶

单坡式　　　　　　　　　　　　　　双坡式

拱式

平顶双列式羊舍

图 3-6　几种羊舍屋顶样式

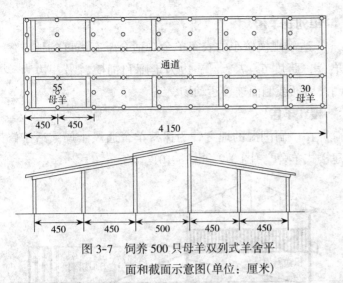

图 3-7　饲养 500 只母羊双列式羊舍平
面和截面示意图(单位：厘米)

　　在牧区为冬季和产羔季节所使用，饮水、补饲多在运动场内进行，羊舍的内部结构相对简单。以舍饲或半舍饲为主的养羊区，应在羊舍内安置草架、饲槽和水槽等设施。

▶封闭双坡式羊舍

　　羊舍跨度大，排列成一字形，保温性能好，适合于寒冷地区，可作为冬季产羔舍，其长度可根据羊的数量适当延长或缩短（图 3-8）。

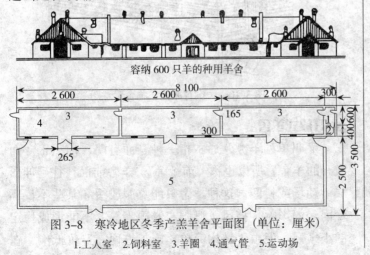

图 3-8　寒冷地区冬季产羔羊舍平面图（单位：厘米）

1.工人室　2.饲料室　3.羊圈　4.通气管　5.运动场

①夏秋季羊住楼上，粪尿通过漏缝地板落入楼下地圈；冬春季，清除楼下粪便污物，消毒后，羊住楼下，楼上堆放干草和饲料。羊舍南北两面墙高1.2米，冬季寒冷时可用竹篱笆、稻草或塑料布将上墙面团团围住保暖。圈底高度1.5～2.0米，地板缝隙1.5～2.0厘米，间距3～4厘米。楼上窗户较楼下的大，视各地气温高低，楼上窗户大小控制建造成开放式或半开放式。在舍外两侧或一侧修建运动场。

单列式羊舍

适于规模较小的农家羊舍。适合于有坡度的地方建羊舍，跨度6～7米，一边为走廊和饲槽，另一边为羊圈，后面或侧面连接运动场。

楼式羊舍

在多雨潮湿的地方，为保持羊舍通风干燥，适于修建楼式羊舍①（图3-9和图3-10）。

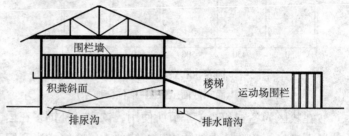

图3-9　楼式羊舍示意图

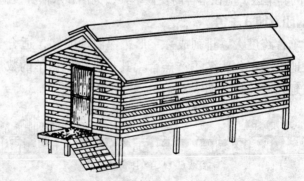

图3-10　舍饲育肥楼式羊舍示意图

开放式羊舍

又叫单列羊棚，通常指一种三面有墙，前（正）面敞开的羊舍，所以也称"前敞舍"。羊舍前面往往延伸形成活动场或栏圈。这种羊舍只能克服或缓和某些不良环境因素的影响，挡风、遮阳、避雨雪等，不能形成稳定的小气候。但由于结构简单、施工方便、造价低廉，在世界各国气候温暖地区或温暖季节被广泛使用。只有顶而无围墙者称"羊棚"，多用于夏季遮阳，也称"凉棚"。无顶而只有围栏者称为"栏圈"。

▶ 开放、半开放结合单坡式羊舍

羊舍排列成"┌"形（图3-11）。在半开放羊舍中，可用活动围栏临时隔出或分隔出固定的母羊分娩栏。这种羊舍适合于炎热或经济较落后的牧区。

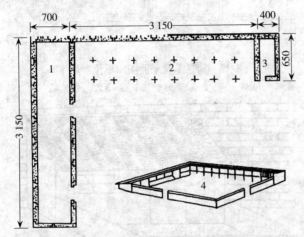

图3-11 开放和半开放结合单坡式羊舍（单位：厘米）

1.半开放羊舍 2.开放羊舍 3.工作室 4.运动场

▶ 窑洞棚圈式羊舍

窑洞棚圈式羊舍（图3-12）冬暖夏凉，舍温变化幅度小。

图3-12 窑洞棚圈式羊舍

▶ 简易羊舍

舍顶用草棚或其他避雨物覆盖，四周用砖或泥土筑墙，羊舍铺设草架、饮水槽、补饲槽。这种羊舍结构简单，建筑方便，经济实用，投资较小（图3-13和图3-14）。

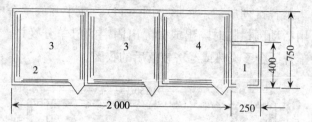

图3-13　简易羊舍平面图（单位：厘米）
1.人工室　2.草架　3.普通羊圈　4.产羔带羔圈

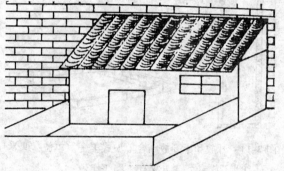

图3-14　简易棚圈羊舍示意图

▶ 塑料薄膜大棚羊舍

这种羊舍投资少，易于建造（图3-15）。

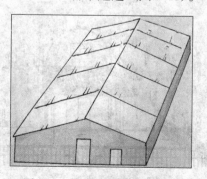

图3-15　塑料暖棚羊舍示意图

（四）塑料暖棚的利用

目标 ● 了解并掌握暖棚的设计、修造和管理

塑料暖棚羊舍实质上是一种更方便实用的棚舍结合式羊舍，是将房屋式和棚舍式的屋顶部分用塑料薄膜代替而建造的一种羊舍，可以利用太阳使羊舍升温，又能防止羊体热量的散失，从而保持羊舍温度。这种羊舍投资少，易修建，采光、保温和通风性能好，有利于发展适度规模化养羊生产。

1. 暖棚的设计

暖棚及运动场面积、温度和湿度要求、通风换气参数、门的大小与数量等，可参考羊舍设计主要参数（表3-13）。但应首先考虑暖棚的温热效应[①]。在北方的寒冷季节（1、2月份和11、12月份），塑料薄膜棚羊舍内的最高温度可达 3.7～5℃，最低温度 0.7～2.5℃，分别比棚外温度提高 4.6～5.9℃和21.6～25.1℃。

表 3-13　暖棚设计的一些参数

项　　目		参　数　值
朝向		南向偏东[②]。偏东或偏西以 5°为宜，不超过 10°
膜面与地面夹角（°）		25～40
后屋顶仰角（°）		30～35
暖棚面积（米²）		100～150
长度（米）		≤130
跨度（米）		5～6
后屋顶宽（米）		2～3
前墙高（米）		1.1～1.3
后墙高（米）		1.6～1.8
通风换气[③]	进气孔（厘米）	20×20
	排气孔（厘米）	50×50

①暖棚养羊主要用于北方寒冷地区冬季养羊。要避开高大建筑物或树木森林，以防影响太阳光照射。

②早晨严寒和大气污染严重、阳光透光率低的地区，以偏西为好，这样可延长午后照射时间，有利于夜间保温。反之，以偏东为宜，以便于早晨采光。但北方地区冬季的主导风向为西北风，达到背风的目的，一般南向偏东。

③采用自然通风换气。一般在端墙设进气孔，西端墙可少设进气孔，个数依进气孔占排气孔面积的 70%确定。排气孔设在后屋顶，个数按0.05～0.06 米²/只确定。排气孔应加风帽，均匀排列。

2. 暖棚的修造

结构最简单、最经济实用的为单斜面单层单列式膜棚。

▶ 修造

骨架材料可选用木材、钢材、竹竿、铁丝和铝材等。选择的木料或竹片要求光滑平直，上覆盖保护层。木料或竹片间隔一般为 80~100 厘米。目前，塑料薄膜暖棚羊舍也有完全采用钢架为主体，围墙及所有部件采用组合体的太阳能活动棚。

棚舍式羊舍改建为塑料大棚式羊舍时，先在棚前 2~3 米处筑一高 1.5 米、宽 0.24~0.37 米的矮墙，矮墙中部留 1.5~2.0 米宽的舍门，在棚檐和矮墙之间每隔 1 米用木杆或角铁支撑，上面覆盖塑料薄膜，用木条、铁片等加以固定，并在薄膜与矮墙连接处用泥土压封。羊舍东西两侧各留一进气孔，棚顶设 1~2 个排气孔，一般排气孔是进气孔的 2 倍。舍内沿墙设补饲槽、产仔栏等设施。棚内圈舍可隔成小间，供不同年龄的羊使用。

▶ 注意事项

（1）在架设棚架时，尽量使坡面或拱面高度一致。

（2）出牧前提前打开进气孔、排气窗及圈门，待中午阳光充足时再关闭舍门及进出气口，以提高棚内温度。

（3）农膜易老化，应及时修补。

（4）及时清理棚内地面，勤垫干土，保持棚内及地面干燥。

3. 薄膜的使用

▶ 薄膜的要求

（1）对太阳光具有较高的透光率，以获得较好的增温效果。

（2）对地面和羊体散发的红外线的透光率要低，以增强保温效果。

（3）具有较强的耐老化性能，对水分子的亲和力要低。

塑料薄膜可选用白色透明、透光好、强度大、厚度为

100～120微米、宽度为3～4米、抗老化、防滴和保温好的聚氯乙烯膜、聚乙烯膜和无滴膜等，以无滴膜更适合。

▶ 薄膜的黏合

（1）热黏　可用1 000～2 000瓦的电熨斗或普通电烙铁黏接。一般情况下，聚氯乙烯膜的热黏温度为130℃，聚乙烯膜的热黏温度为110℃。

（2）胶黏　用特殊的黏合剂，均匀地涂在将要连接的薄膜边缘（需先擦干净），然后将其黏合在一起[①]。

▶ 薄膜的覆盖

选择晴朗天气进行。

首先将膜展开，待晒热后再拉直，为使薄膜拉紧、绷展，在薄膜的两端缠上小竹竿以便操作。先将一头越过端墙的外部向下10～20厘米处固定，然后再将另一头拉紧固定，最后用草泥在端墙顶堆压薄膜。东西向固定好后，用同样的方法固定上下端。

4. 暖棚的管理

▶ 扣棚和揭棚

一般情况下，北方适宜扣棚时间为10月末至11月初。扣棚可随气温下降由上向下逐步增加面积。揭棚的适宜时间为每年的4月初，应随气温的升高逐步增加揭棚面积，直至将薄膜全部揭掉。

▶ 防风雪

要将薄膜固定牢固，以防大风将薄膜刮落。下雪时，要注意观察，并及时清除薄膜表面的积雪。

▶ 防严寒

在特别寒冷的时节或寒流侵袭时，将厚纸和草帘盖在薄膜上，以增强保温效果。

▶ 通风换气

根据饲养羊的数量、羊对寒冷的耐受力、气温情况灵活增减通风换气次数和换气时间。通风换气应在午前

①这种方法适合于修补薄膜的漏洞。补修时，不同薄膜要使用不同的黏合剂，聚氯乙烯膜应用软质聚氯乙烯黏合剂，聚乙烯膜可选用聚氨酯黏合剂进行黏合。

或午后进行，每次以 0.5 ~ 1 小时为宜。

▶ **擦拭薄膜**

及时除掉薄膜表面的冰霜，以免影响薄膜的透光性。发现薄膜某一局部出现漏洞时，应及时修补。

（五）设备和用具

目标 ● 了解养羊常用设备和用具

1.饲槽

主要用来饲喂精料、颗粒料、青贮料、青草或干草。

▶ **固定式长形饲槽**

放置在羊舍、运动场或专门补饲栏内。饲槽上宽下窄，外沿比内沿高 5 厘米，内角外沿均抹成圆形，防止饲草料残留和摩擦伤到羊的颈部。羊的饲槽参数见表 3-14。

表 3-14　羊的饲槽参数（厘米）

类　型	高	宽	深	占槽位宽
羔　羊	30	25	20	20
成年羊	35~40	30~35	25~30	40~50

图 3-16　固定式长形饲槽

▶ 移动式长形饲槽

多用木板或铁皮制成。一般长 1.5～2 米，上宽 35 厘米，下宽 30 厘米，深 20 厘米。为防止羊攀登踩翻，饲槽两端设装拆方便的固定架（图 3-17）。

图 3-17　移动式长形饲槽

▶ 悬挂式饲槽

用于哺乳期羔羊补饲，用木板制作，长 2 米，上宽 20 厘米，下宽 15 厘米，深 20 厘米，两端固定悬挂在距地面高 40 厘米的羊舍补饲栏上方（图 3-18 和图 3-19）。

2. 草架

利用草架喂羊，可避免践踏饲草，减少饲草的浪费和疾病的发生。

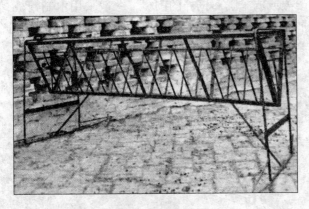

图 3-18　铁制饲草架

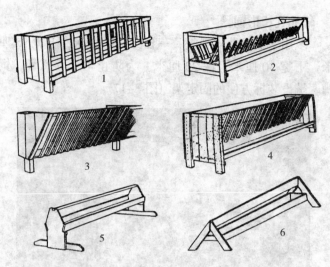

①成年羊和羔羊分别以30~50厘米/只和20~30厘米/只为宜，两竖棍间的间距，一般为10~15厘米。

图 3-19　各种木制草架和小型料槽
1.长方形两面草架　2.V形两面联合草料架
3.靠墙固定单面草架①　4.靠墙固定单面兼用草料架
5.轻便料槽　6.三脚架料槽

3. 多用途栅栏

▶ **活动围栏**

主要用于临时分隔羊群，分离母羊和羔羊。用木板、木条、钢筋、钢丝等制成（图 3-20 和图 3-21）。

产羔时，用活动围栏临时间隔为母仔小圈。用于母羊产羔或弱羊隔离饲养的围栏，一般采用木制栅板，以合页连接而成。围栏放置于羊舍角落，摆成直角，固定于羊舍墙壁上，供羊单独使用。

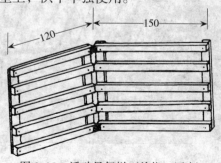

图 3-20　活动母仔栏（单位：厘米）

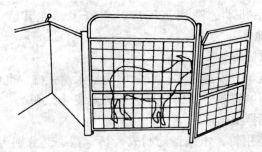

图 3-21　澳式铁网、铁板活动羊栏结构图

羔羊补饲栏

活动式羔羊补饲栏见图 3-22。

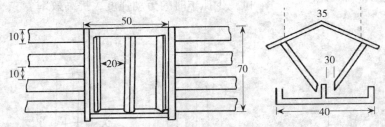

图 3-22　活动式羔羊补饲栏（单位：厘米）
（左）和补饲槽（右）示意图

分羊栏

供羊分群、鉴定、防疫、驱虫、测重、打号等生产技术活动使用（图 3-23）。

活动羊圈

放牧为主的羊场，必须根据季节、草场生产力动态变化、不同生产阶段等生产环节的需要，作好放牧安排。所以转场放牧采用活动羊圈十分方便。活动式羊圈可利用若干栅栏或网栏，选一高燥平坦地面，连接固定成圆形、方形、长方形均可。活动羊圈体积小、重量轻，拆装搬运方便，省时省

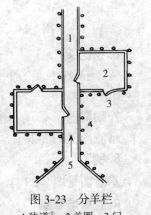

图 3-23　分羊栏
1.狭道① 2.羊圈 3.门
4.木桩 5.入口

①狭道以羊体宽度为准，让羊只单行自由，但不能转身。沿通道一侧或两侧，可根据需要设置 3~4 个可以向两边开门的小圈。

55

力，灵活机动，适用范围广，投资少，尤其适用于半放牧地区。

4. 颈枷

固定羊只安静采食。可采用简易木制颈枷，也可采用钢筋焊接颈枷。每 10 ~ 30 只羊可安装一个颈枷。

5. 磅秤及羊笼

羊笼用竹、木或钢筋制成，长、宽、高分别为 1.2 米、0.6 米和 1 米，两端安置活门供羊进出（图 3-24）。为称量方便，可用栅栏或网栏设置一个连接羊圈的狭长通道，或将带羊笼的磅秤安放在分羊栏的通道入口处，可减少抓羊时的劳动强度，提高效率。

图 3-24　磅秤和羊笼示意图

6. 挤奶架

人工挤奶时，一般每 25 ~ 30 只羊设置一个挤奶架（图 3–25）。

7. 喷雾器

示意图见图 3-26。

8. 铡刀

示意图见图 3-27。

9. 贮草堆草圈

用砖或土坯砌成，或用栅栏、围栏围成，上面盖以

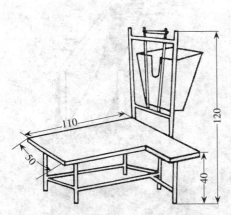

图 3-25　挤奶架示意图（单位：厘米）

图 3-26　喷雾器

图 3-27　铡　刀

遮雨雪的材料。堆草圈应设在地势较高处，或在地面垫一定高度的砖或土，设排水沟，防潮。平时每只羊贮备饲草数量改良羊 180～200 千克，本地羊 90～100 千克。

10. 青贮设备

几种青贮设备示意图见图 3-28，不同青贮设备比较见表 3-15。

11. 药浴设备

药浴方式有池浴① （图 3-29 和图 3-30）、淋浴、盆浴（图 3-31）等。

①用砖、石、水泥等建成，池长 10～12 米，池顶宽 60～80 厘米，深 1.0～1.2 米。入口处设漏斗形围栏，使羊依顺序进入药浴池，入口处呈陡坡，出口处有一定倾斜度，斜坡上有小台阶或横木条，其作用一是不使羊滑倒，二是羊在斜坡上停留一定时间，可使身上的药液流回浴池。

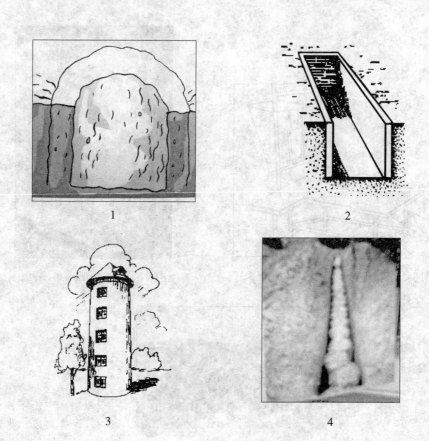

图 3-28　几种青贮设备示意图

1.青贮窖　2.青贮壕　3.青贮塔　4.人工袋装青贮

表 3-15　不同青贮设备比较

类型	大　小	建造要求	优　点	缺　点
青贮塔	直径 4～6 米，高 6～16 米，容量 75～200 吨 半塔式　地下深度 3.0～3.5 米，地上部分高度 4～6 米	塔顶用不透水、不透气的绝缘材料制成，上有一个可密闭的装料口 塔壁强度大，表面光滑，不透水，不透气。最好在外表涂上绝缘材料。塔侧壁开有取料口	青贮料损失较少	建筑费用昂贵。目前，我国只在大型牧场使用

（表内"全塔式"标注于"直径 4～6 米"行）

（续）

类　型	大　　小	建造要求	优　点	缺　点
青贮窖 青贮壕	直径2.5～3.5米，深3～4米 长15～20米，最长达30米以上，宽3.0～3.5米，深10米	窖壁要光滑、坚实、不透水、上下垂直，窖底呈锅底状	结构简单，成本低，易推广	窖中积水，引起青贮料霉烂，造成损失
青贮袋	长2～3米，宽1米	选用厚度0.8～1.0毫米的黑色聚乙烯双幅塑料薄膜，根据需要的大小剪成筒式袋	青贮料中的养分损失少，成本低，简单易存,便于推广利用	薄膜易破坏，易老化

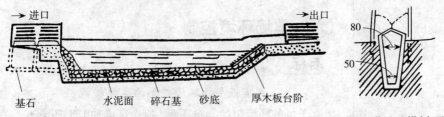

图 3-29　药浴池纵剖面图

图 3-30　药浴池横剖面图（单位：厘米）

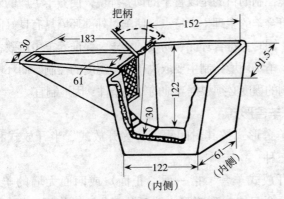

图 3-31　小型药浴槽[①]示意图（单位：厘米）

12. 水槽

水槽可用成品陶瓷水池或其他材料，底部设放水孔

①小型浴槽液量约为1 400升，可同时将两只成年羊（小羊3～4只）一起药浴，并用门的开闭调节入浴时间。适宜小型羊场使用。

（图 3-32）。

图 3-32　饮水槽

13. 水井

如果羊场无自来水，应挖水井。水井应离羊舍 100 米以上。

（六）羊场环境控制

目标
- 了解影响羊场环境的主要因素
- 掌握羊场环境控制的主要措施

羊场的环境包括气候环境、圈舍环境和卫生环境等。羊场环境控制的目的是改善羊的饲养环境，使养羊生产的外部环境符合羊的生理生产特点，使羊对外部环境具有良好的适应性；同时，符合环保、防疫的要求，保证养羊生产效益的提高。羊场环境控制主要取决于环境温度的控制，而环境温度控制的程度必须根据当地的气候条件，因地制宜。

1. 羊舍形式

羊舍形式按其封闭程度分为开放式、半开放式和封闭式三种。

开放式羊舍　指一面（正面）或四面无墙的羊舍。这种羊舍只能起到遮阳、挡雨及部分防风作用，用材少、易施工、造价低，适用于炎热及温暖地区。

半开放式羊舍　指三面有墙，正面上部敞开，下部有半截墙的羊舍。冬天可以覆盖塑料薄膜形成封闭状态，从而改善舍内小气候。

封闭羊舍　通过墙体、屋顶等围护结构形成全封闭状态的羊舍，具有较好的保温隔热能力，便于人工控制舍内环境。养殖者要根据自身的经济能力和当地的气候特点选择适宜的羊舍形式。

2.温度

气候环境是家畜生态环境中最重要的物理因素，其中气温的变化对养羊生产的影响最大。由于气候的季节性变化，羊的生长发育、繁殖、泌乳、产毛等生产具有季节性特征。如果气温适宜，饲料丰富，羊的生长发育快，饲料转化率高。设计合理的羊舍冬暖夏凉，不需要采暖、降温设施也能保证羊群的正常生活。在我国北方地区，大多数羊适宜的温度范围为 $5 \sim 21℃$，最适温度范围为 $10 \sim 20℃$，气温低于 $-5℃$，羊就会出现生长发育受阻、掉膘、冻死等现象。在高温炎热季节，羊食欲减退、厌食，不仅出现生长受阻，还会发病死亡。因此，在气候寒冷的地区，给产羔母羊和羔羊铺柔软的垫草，兴建保温圈舍、塑料暖棚，或通过人工采暖保证羔羊的成活；在炎热季节要搭建能防止日光直射、四周敞开的遮阳棚舍，羊舍及运动场周围种植高大乔木。为了加强圈舍的通风，可以在圈舍顶部安装风扇，加强空气的流通，又不至于直吹羊群。羊舍铺设漏粪地板省工省时、效率高，但需配备污水处理设备。

3.通风换气

通风换气是羊舍环境控制的一个重要手段，通风换气适宜才能保持适宜的温湿环境和良好的空气卫生状况。通风换气可排除过多的水汽，防止水汽在墙壁、天棚等表面凝结，保持羊舍内的温度和相对湿度不发生剧烈变化，保证气流稳定，不形成贼风，并可清除空气中的微生物、灰尘和舍内产生的氨、硫化氢、二氧化碳等有害气体和恶臭。密闭羊舍需设换气窗或换气口，以保证充足的新鲜空气。换气口可在墙的1/2处，舍内的空气从开口的上半部排走，舍外的新鲜空气从下半部进入；也可将换气口开在墙壁的下部，有利于温暖空气在舍内滞留，热空气在墙体中蓄积。也可在羊舍顶部安装风扇进行机械通风。

4.采光与照明

光照是构成羊舍环境的重要因素，不仅影响羊群的健康和生产力，还影响饲养管理人员的工作条件和工作效率。羊舍的采光和照明分为自然采光和人工照明。开放式和半开放式羊舍主要靠自然采光，封闭式羊舍采用自然采光和人工照明两种方式。封闭式羊舍的采光取决于窗户面积，窗户面积越大，进入舍内的光线越多。生产中通常用"采光系数"衡量与设计畜舍的采光，采光系数指窗户的有效采光面积与畜舍地面面积之比，成年绵羊舍的采光系数为1∶(15~25)，羔羊舍的采光系数为1∶(15~20)。人工光照一般用白炽灯或荧光灯。

5.环境卫生

定期打扫圈舍、运动场及周围环境，将粪便、剩余饲草料和养殖废弃物及时清理出羊圈。舍饲羊群最好每天早晨清理地面，垫圈的羊舍要定期更换干净的沙土、秸秆和垫草，漏粪地板羊舍要保证舍内干燥、卫生。圈舍、运动场地每个季度消毒一次，至少春秋两季各消毒一次。消毒药品要多样交替使用。粪便要堆积发酵，杀灭寄生虫卵。解剖死羊的场地要进行消毒处理，尸体要深埋或焚烧。

（1）及时清理粪尿，保持圈舍卫生　在规模化、集约化养羊场，要建立定期清除粪尿、保持环境卫生的制度，每天进行1~2次圈舍大清扫，经常保持圈舍卫生整洁、干燥通风。同时要做好圈舍的定期消毒工作，防止蚊蝇滋生，传播疾病。

（2）种养结合，使粪尿得到科学利用　在发展养羊的同时，应建立服务于养羊业发展的饲草饲料生产基地，使养羊场的粪尿和废弃的饲草饲料经过高温堆肥发酵灭菌后，作为饲草饲料生产的有机肥料就近利用，就近转化为绿色饲料产品。

（3）控制饲料污染，保障羊的健康　在养羊生产中，由于环保意识不强，经常发生因饲料污染，危及养羊生产的情况。如我们常见的青贮饲料霉菌污染，精饲料中抗生素、重金属污染和农药污染以及生产过程中被羊的粪尿污染等。因此，在羊场建设和饲料生产过程中要预先做好规划，使羊场与饲料的贮存、加工场地隔离，避免运输饲草料的工具被羊粪尿污染，确保饲草饲料安全，确保人畜健康。

（七）粪便的资源化利用

目标
● 了解粪便的危害
● 掌握粪便资源化利用方法

对羊场来讲，最主要的有害物质是羊粪尿[①]。据测算，一只成年羊全年排粪量为 750~1 000 千克。为了保证羊场高效生产运行，达到健康养羊的目的，必须做好羊粪尿的处理工作。

1. 粪便的危害

◆ 污染水体造成危害；

◆ 污染空气造成危害；

◆ 污染土壤造成危害。

2. 羊粪的加工方法

▶ 腐熟堆肥法

粪便在用作肥料时，必须事先堆积发酵处理以杀死绝大部分病原微生物、寄生虫卵和杂草种子，同时抑制了臭气的产生。这种方法技术和设备简单，施用方便，不发生恶臭，对作物无伤害。

（1）原理　腐熟堆肥法是利用好气微生物，控制其活

① 一方面，粪便本身包含有对人和动物生活环境造成危害的生物病原；另一方面，粪便经过一定化学变化所产生的大量有害、有毒、恶臭物质。

动的水分、酸碱度、碳氮比、空气、温度等各种环境条件，使之能分解家畜粪便及垫草中各种有机物，并使之达到矿质化和腐殖化①的过程。此法可释放出速效性养分并造成高温环境，能杀菌和寄生虫卵等，最终得到一种无害的腐殖质类的肥料，通常其施用量比新鲜粪尿多4~5倍。

一般说来，粪肥堆腐初期，温度由低向高发展。低于50℃为中温阶段，堆肥内以中温微生物为主，主要分解水溶性有机物和蛋白质等含氮化合物。堆肥温度高于50℃时为高温阶段，此时以高温好热纤维素分解菌分解半纤维素、纤维素等复杂碳水化合物为主。高温期后，堆肥温度下降到50℃以下，以中温微生物为主，腐殖化过程占优势，含氮化合物继续进行氨化作用，这时应采取盖土、泥封等保肥措施，防止养分损失。

（2）方法　有坑式及平地两种。坑式堆腐是我国北方传统的积肥方式，采用此种方式积肥要经常向圈里加垫料，以吸收粪尿中水分及其分解过程中产生的氨，一般粪与垫料的比例以1：3~4为宜。平地堆腐是将粪便及垫料等清除至舍外单独设置的堆肥场地上，平地分层堆积，使粪堆内部进行好气分解，必须控制好堆腐的条件。

◆ 堆积体积：将羊粪堆成长条状，高不超过1.5~2米，宽1.5~3米，长度视场地大小和粪便多少而定。

◆ 堆积方法：先比较疏松地堆积一层，待堆温达60~70℃时，保持3~5天，或待堆温自然稍降后，将粪堆压实，然后再堆积加新鲜粪一层，如此层层堆积至1.5~2米为止，用泥浆或塑料膜密封。

◆ 中途翻堆：含水量超过75%的最好中途翻堆，含水量低于60%的最好泼水。

◆ 启用：密封2个月或3~6个月，待肥堆溶液的电导率小于0.2毫西门子/厘米时启用。

◆ 促进发酵过程：为促进发酵过程，可在肥料堆中

①矿质化是微生物将有机质变成无机养分的过程，也就是有速效养分的释放；腐殖化则是有机物再合成腐殖质的过程，也就是粪肥熟化的标志。

竖插或横插适当数量的通气管。

在经济发达的地区，多采用堆肥舍、堆肥槽、堆肥塔、堆肥盘等设施进行堆肥。优点是腐熟快、臭气少，可连续生产。

（3）评定指标 肥料质量：外观呈暗褐色，松软无臭。如测定其中总氮、磷、钾的含量，肥效好的，速效氮有所增加，总氮和磷、钾不应过多减少。

◆ 卫生指标：见表3-16。

表3-16 高温堆肥法卫生评价指标（建议）*

编号	项 目	卫生标准
1	堆肥温度	最高堆温达50~55℃以上持续5~7天
2	蛔虫卵死亡率	95%~100%
3	大肠菌值	$10^{-3} \sim 10^{-1}$
4	苍蝇	有效地控制苍蝇孳生

　*据刘昌汉和胡汉升，1981，环境卫生学，P338。

▶ 复合肥料制作法

将羊粪制成颗粒饲料。

▶ 发酵干燥法

有塑料大棚发酵干燥和玻璃钢大棚发酵干燥。二者的设备和原理相同。工艺流程如图3-33。用搅拌机使鲜粪与干粪混合，来回搅拌，直至干燥。大棚式堆肥发酵槽搅拌设备见图3-34。

▶ 生物学处理法

羊粪是生产生物腐殖质的基本原料。

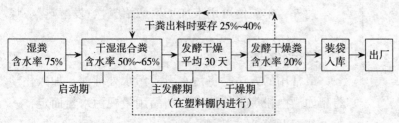

图3-33 塑料大棚发酵干燥工艺流程

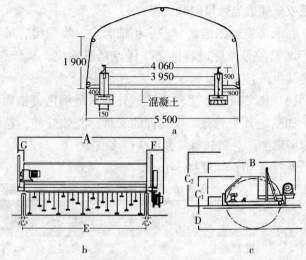

图 3-34 大棚式堆肥发酵槽搅拌设备示意图（单位：毫米）
a.大棚及发酵槽基础尺寸图　b.发酵槽搅拌机前视图
c.发酵槽搅拌机侧视图

A.全宽　B.全长　C₁.全高　C₂.升起高度　D.发酵槽深　E.发酵槽宽
F.电缆自动卷盘侧宽　G.电动机侧宽

制作方法是，将羊粪与垫草一起堆成 40～50 厘米高的堆，浇水，堆藏 3～4 个月，直至 pH 达 6.5～8.2，粪内温度 28℃时，引入蚯蚓进行繁殖。蚯蚓在 6～7 周龄性成熟，每个个体可年产 200 个后代。在混合群体中有各种龄群。每个个体平均体重 0.2～0.3 克，繁殖阶段为每平方米 5 000 个，产蚯蚓个体数为每平方米 3 万～5 万个。生产的蚯蚓可加工成肉粉，用于生产强化谷物配合饲料和全价饲料，或直接用于鸡、鸭和猪的饲料中。

此外，羊粪便可用来加工生产沼气[①]、发酵热[②]、煤气[③]等。

3. 污水的处理

最常用的方法是将污水引入污水处理池，加入化学药品如漂白粉等进行消毒。药品用量视污水量而定，一般 1 升污水用 2～5 克漂白粉。

①沼气是有机物质在厌氧环境中，在一定温度、湿度、酸碱度、碳氮比条件下，通过微生物发酵作用而产生的一种可燃气体。

②将羊粪的水分调整到 65% 左右，进行通气堆积发酵，有时可得到高达 70℃ 以上的温度。回收到的热量，一般可用于畜舍取暖保温。

③每千克干燥羊粪大致可产生 300～1 000 升煤气，每立方米含 8.372～16.744 兆焦热量。

四、羊的繁殖

要增加羊的数量，提高羊的品质，必须通过羊的繁殖才能实现。因此，掌握好羊的繁殖技术，搞好羊的繁殖工作，是养羊业中不可忽视的重要环节。

（一）羊的生殖系统

目标
- 了解羊的生殖器官的组成及功能
- 了解羊的生殖生理

1. 羊的生殖道

▶ 生殖道的组成

公羊生殖器官组成及其剖面图分别见图 4-1 和图 4-2。母羊生殖器官组成及其剖面图分别见图 4-3 和图4-4。

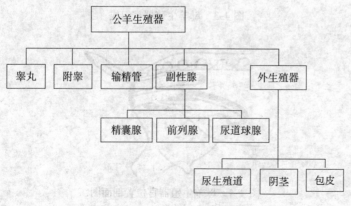

图 4-1　公羊生殖器官组成

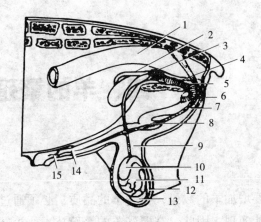

图 4-2　公羊生殖器官位置剖面图

1.直肠　2.壶腹　3.精囊腺　4.前列腺　5.尿道球腺　6.左阴茎脚

7.阴茎缩肌　8.S状弯曲　9.输精管　10.附睾头　11.睾丸

12.阴囊　13.附睾尾　14.阴茎游离端　15.尿道突起

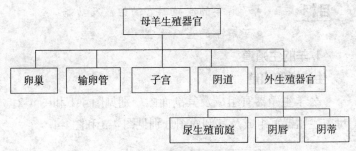

图 4-3　母羊生殖器官组成

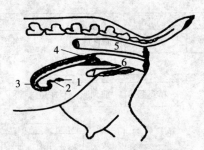

图 4-4　母羊生殖器官位置剖面图

1.卵巢　2.输卵管　3.子宫角　4.子宫颈　5.直肠　6.阴道

生殖器官的功能

公、母羊各生殖器官功能分别见表4-1和表4-2。

表4-1　公羊各生殖器官的功能

器　官	功　能
睾　　丸	产生精子；分泌雄性激素
附　　睾	浓缩、贮存、成熟和运输精子
输 精 管	运输精子
尿　　道	运输精液
精 囊 腺	分泌物可稀释精液，利于精子运输，并为精子供能
前 列 腺	分泌物组成精液的一部分，中和母羊生殖道的酸性环境
尿道球腺	冲洗和润滑尿道
阴　　茎	交配器官
包　　皮	包被和保护阴茎的游离端

表4-2　母羊各生殖器官的功能

器　官	功　能
卵　　巢	产生卵子；分泌雌性激素
输 卵 管	受精部位；受精卵的早期卵裂部位；运输卵子
子　　宫	胎盘形成和胚胎发育的地方
阴　　道	交配器官；精子的沉积部位；产道
外生殖器官	交配器官和部分产道

2. 生殖激素

生殖激素是指与家畜性器官、性细胞、性行为等的发生、发育，以及发情、排卵、妊娠、分娩和泌乳等生殖活动有直接关系的激素[①]。

生殖激素特点

◆ 活性强、作用大。

◆ 具有专一性，只调节反应速度，不发动细胞内新反应。

◆ 一般无种间特异性。

◆ 分泌速度不均衡。

①激素是指由动物体内的内分泌腺或某些组织器官的活性细胞，所释放的某些控制生理活动的活性物质。

动物的所有生殖活动，都是在生殖激素的控制和调节下实现的。

①反馈作用：将输出信息送回输入端，以增强或减弱输入信息的效应。有正反馈和负反馈之分。

◆不断产生和灭活，在血液中消失很快。

◆协同和抗衡作用。

◆反馈作用①。

生殖激素种类与主要功能

见表4-3。

表4-3　与羊生殖有关的主要激素种类与功能

激　　素	分泌器官	作用器官	主要功能
促性腺激素释放激素（GnRH）	下丘脑	垂体前叶	促使垂体前叶释放促卵泡素和促黄体素
促卵泡素（FSH）	垂体前叶	垂体（卵泡）	促使卵泡发育和雌激素生成
促黄体素（LH）	垂体前叶	垂体（卵泡）	刺激排卵，形成黄体和分泌孕酮
雌激素	卵巢（卵泡）	大脑	促使发情行为变化
		垂体前叶	在发情期促进促卵泡素释放，特别是促黄体素的释放
		输卵管	增加黏液活性和低黏液性液体的分泌
		子宫	协助精子和卵子的移动
		子宫颈	子宫颈口开张
		阴道和外阴	充血
孕酮	卵巢（黄体）	垂体前叶	抑制卵泡排卵和成熟
		子宫	降低黏液活性和子宫肌收缩，使子宫进入适宜胚胎附植的状态
前列腺素	子宫	卵巢（黄体）	促使黄体萎缩和孕酮水平下降
催乳素（LTH）	垂体前叶	乳腺组织	泌乳细胞的生长发育
催产素（OXT）	垂体后叶	子宫	增加子宫收缩
松弛素	卵巢（黄体）	子宫	促进子宫的扩展以适应胎儿生长

②图4-5显示母畜生殖机能的调节也受到外界环境的影响，如光照、营养、温度、气味等。

3.生殖机能调节

母畜生殖机能的调节是下丘脑－垂体－卵巢所分泌的激素之间互相作用的结果②（图4-5）。

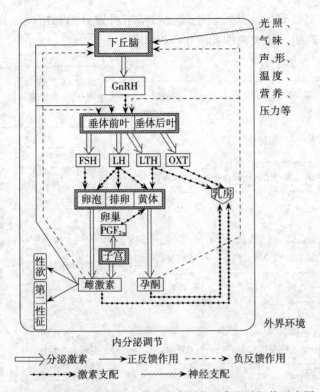

光照、气味、声形、温度、营养、压力等

内分泌调节

⟹ 分泌激素　　⟶ 正反馈作用　- - - ➤ 负反馈作用

•••➤ 激素支配　　〜〜➤ 神经支配

图 4-5　下丘脑、垂体及卵巢的激素调节母畜生殖机能示意图

(二) 发情鉴定

目标
- 了解母羊的发情规律和发情征兆
- 掌握判断母羊发情的依据
- 了解发情鉴定的方法

发情鉴定是动物繁殖活动中一个非常重要而易被忽视的技术环节。通过发情鉴定可以做到：及时发现发情母羊；判断发情程度，掌握适时配种时间；判断母羊发情是否正常，对不发情羊进行及时治疗；判断发情的真假——是否怀孕；提高羊群受胎率和繁殖速度。

1. 羊发情的生理阶段

羊属于季节性多次发情①、自发性排卵②动物。从出

①发情：指母畜生长发育到性成熟阶段后，在繁殖季节所发生的周期性性活动和性行为现象。

②自发性排卵：卵泡成熟后便自发排卵和自动形成黄体。

71

①母羊初次出现发情或排卵的时期。受品种、环境、寿命、营养等的影响。

②初情期之后继续发育，具备正常发情、排卵并繁殖后代的能力的时期。

③指羊生长发育基本完成，获得了成年羊应有的形态和结构。一般体重达到其成年体重70%以上。

④羊繁殖能力停止的年龄。

⑤指动物适宜于配种的年龄，一般在性成熟期之后，体成熟之前。

生到成年，其发情生理阶段基本可划分为初情期、性成熟期、体成熟期和成年（图4-6）。

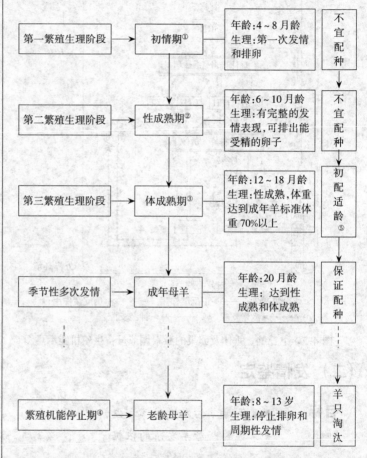

图4-6　羊发情的生理阶段

2. 发情周期阶段的划分

初情期后，卵巢出现周期性的卵泡发育和排卵，并伴随着生殖器官和整个机体发生一系列周期性生理变化，这种变化周而复始，一直到性机能停止活动的年龄为止，这种周期性的性活动称为发情周期。

一个发情周期一般指从一次发情（排卵）开始至下

一次发情（排卵）开始所间隔的时间，并把发情当天计作发情周期的第一天。

➤ 四分法

见图4-7。

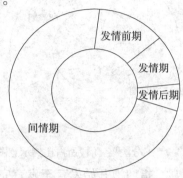

图4-7　四分法①各阶段所占比例示意图

（1）发情前期　准备期。母羊外部表现不明显，相当于发情第16~18天。

（2）发情期　有明显发情征状的时期。母羊精神状态和行为表现明显。相当于发情周期第1~2天。

（3）发情后期　卵泡破裂排卵，形成黄体②，雌激素开始下降，孕酮尚未分泌。母羊由性兴奋转入安静状态。相当于发情周期第3~4天。

（4）间情期　又叫休情期。在黄体分泌的孕酮的控制之下。母羊性欲消失，精神状态恢复正常（图4-8）。相当于发情周期第4或第5天至第15天。

图4-8　处于休情期的母羊

①四分法侧重于发情征状，适用于发情鉴定时使用。

②黄体：卵泡破裂释放卵子后，破裂的卵泡腔充满淋巴液、血液和破裂的卵泡细胞而形成红体，红体进一步发育，体积增大，形成黄体。羊的黄体为9~15毫米。周期性黄体：黄体形成后，没有配种或配种后没有妊娠，而后萎缩退化和溶解。妊娠黄体：配种后妊娠，存在于整个妊娠期的黄体。黄体退化后，变成白体，在卵巢表面留下残迹。

二分法

见图4-9。

图4-9 二分法①各阶段所占比例示意图

①二分法侧重于卵泡发育，适用于研究卵泡发育、排卵和超数排卵。

（1）卵泡期 指卵泡开始发育至发育完全并破裂排卵的时期。相当于发情周期的第16至第2天或第3天。

（2）黄体期 指黄体开始形成至消失的时期。相当于发情周期的第4或第5天至第15天。卵巢周期与发情周期的关系见图4-10。

②排卵是卵泡期与黄体期的分界线。

③母畜从发情开始到发情结束所经历的时间。它与品种、个体、年龄、发情季节的早晚、营养水平等有关，年老的绵羊较长，在发情季节的初期和晚期较短。

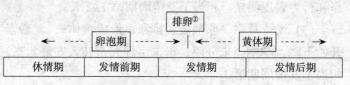

图4-10 卵巢周期与发情周期的关系

3. 母羊发情周期的特点

（1）发情周期 山羊平均为21天（18～25天），绵羊平均为16天（14～19天）。

（2）发情持续期③ 绵羊24～36小时，山羊26～42小时。

④排卵时间一般是夜间比白天多，右侧卵巢比左侧的多。

（3）排卵时间 绵羊在发情开始后20～30小时，山羊在发情开始后10～20小时④。

（4）卵子存活时间 一般12～24小时。

（5）排卵数 绵羊1～3枚，山羊1～5枚。

⑤母羊分娩后出现的第一次发情。

（6）产后发情⑤ 一般在产羔后2～3个月发情，不哺乳的母羊在产后 20 天左右发情。

4. 羊的发情征状

见表 4-4。

表 4-4　母绵羊和母山羊的发情征状比较

类别	外部表现	行　为	征　状	生殖器官变化
母绵羊	不大明显	喜欢接近公羊，并强烈摆动尾部	公羊爬跨时静立不动，但一般不主动爬跨其他羊；分泌物较少或不见有黏液分泌	外阴部没有明显的肿胀和充血
母山羊	明　显	兴奋不安，高声咩叫，爬墙，时时摇尾，当用手按压其臀部时摇尾加强	接触公羊时，表现呆立不动；食欲减退，反刍停止，有黏液排出	外阴部及阴道充血、肿胀、松弛

5. 羊发情鉴定方法

羊常用的发情鉴定方法[①]有：外部观察法、公羊试情法、"公羊瓶"试情法等。

▶ 外部观察法

直接观察母羊的行为、征状和生殖器官的变化来判断其是否发情，这是鉴定母羊是否发情最基本、最常用的方法（图 4-11，表现特征详见羊的发情征状）。

左图：阴户充血肿胀（发情期）　右图：阴户逐渐恢复（发情后期）

图 4-11　母羊发情时的外部表现

①发情鉴定的其他方法，如直肠检查法适用于大家畜；阴道检查法因不能准确判断母畜的排卵时间，也易对生殖系统造成感染，故在生产中也不多用，只作为辅助的检查手段；激素测定法成本较高；电测法在生产中不常用。

①试情圈的面积
以每羊 1.2 ~ 1.5
米²为宜。

②草场较近,牧草
丰盛,可以早晚各试
情一次;羊群较大或
者劳力不足时,每
天早晨试情一次。

公羊试情法

用公羊对母羊进行试情,根据母羊对公羊的行为反应,结合外部观察来判定母羊是否发情。

每天早晨或傍晚,将试情公羊放入母羊群①中,接受试情公羊爬跨的母羊即为发情羊,做好标记和记录。

试情时,注意:

(1) 保持安静,以免影响试情公羊的性欲。

(2) 试情次数要适宜,试情和抓膘两不误②。

(3) 挑选出有生殖器官炎症的母羊。

(4) 做到"一准二勤",即眼睛看得准,腿勤和手勤。

系带试情布(图 4-12)是用 40 厘米 × 40 厘米白布一块,四角系带,捆拴在试情羊腹下,使其只能爬跨而不能交配(图 4-13)。结扎输精管从阴囊根部用手术刀切开,将输精管用缝合丝结扎后,堵住精液流出。阴茎移位是通过手术剥离阴茎部分皮肤,将其缝合在偏离原位置约 45°的腹壁上,待切口完全愈合后即可用于试情。

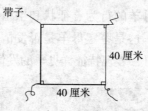

图 4-12　试情布示意图

③隔 1 周左右休
息一天或经 2 ~ 3
天后更换试情公
羊。

试情公羊:
◆ 2 ~ 5 岁本地或杂种公羊;
◆ 不留作种用;
◆ 身体健壮,性欲旺盛,没有疾病;
◆ 防止偷配,作一定处理;
◆ 单圈喂养,按时排精,适当休息③;
◆ 按每百只母羊配备 2 ~ 3 只为宜。

试情布　母羊不动,接受试情公羊
爬跨,表明母羊发情

图 4-13　公羊试情示意图

"公羊瓶" 试情法

试验者手持"公羊瓶"①，利用毛巾上性诱激素的气味将发情母羊引诱出来。

母羊的异常发情②

在临床上表现为：

◆ 安静发情③。
◆ 孕后发情④。

(三) 繁殖季节与配种

目标
- 了解不同羊的繁殖季节
- 了解羊的配种方式

为有效地扩大饲养规模，在繁殖季节做好配种工作，安排好繁殖配种计划，以提高劳动效率，大大提高羊的生产力和繁殖性能。

1. 羊的繁殖季节⑤

影响因素

影响羊繁殖季节的主要因素见表 4-5。

表 4-5 影响羊繁殖季节的主要因素

因素	繁 殖 变 化
光照	绵羊和山羊均为短日照动物，即为夏末和秋季发情，且以秋季发情旺盛。夏季缩短光照，能提前发情，秋季延长光照，能提早结束配种
纬度	纬度高的温带地区，繁殖期很明显；而在纬度低的地区，繁殖期不明显。赤道附近，常年可以繁殖。一年两产的地区，大致分布在北纬 35°到南纬 35°之间
营养	营养高，膘情好时，配种季节开始得早，发情排卵整齐，容易配种受胎，有利于胎儿发育；营养差时，配种季节开始得晚，结束得早，发情周期少而持续期短
温度	公羊比母羊对温度敏感。以秋季繁殖力最强，春夏下降，冬季最低。炎热的夏季和寒冷的冬季分别采取相应的防暑降温和保暖措施，可使绵羊发情季节提前
品种	我国的羊多数在秋季发情，而湖羊、寒羊和奶山羊可全年发情

①公山羊的角基部与耳根之间，分泌一种性诱激素，可用毛巾用力揩擦后放入玻璃瓶中，这就是所谓的"公羊瓶"。

②指不正常发情，即发情与排卵不同时进行，或者发情规律不正常的现象。

③又称隐性发情，是指母羊缺乏发情表现，但卵巢上有卵泡发育至成熟而排卵。

④又称假发情，是指母羊在妊娠期内出现的发情。

⑤公、母羊有性活动的时期。

①我国北方地区，绵羊繁殖季节一般是7月份至第二年1月份，以8～10月份发情最为集中。

②山羊繁殖的季节性不如绵羊明显，以秋季最为集中。

③公羊繁殖的季节性不如母羊明显，其利用期以秋季最佳。

④产羔时间：产冬羔、产春羔、产秋羔。

不同类型羊的繁殖季节

见图4-14。

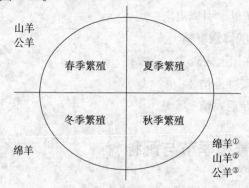

图4-14 羊的繁殖季节示意图

2. 配种

时间选择

羊的配种时期是根据产羔时间④决定的，而产羔时间应根据自然条件和饲养管理条件来决定。一般来讲，冬羔初生重大、发育好、生产性能高、繁殖成活率高，但需要一定的圈舍设备和贮备一定的饲草饲料；春羔初生重小，体质弱，生长发育差，繁殖成活率低，省料、省设备，生产成本低（图4-15）。

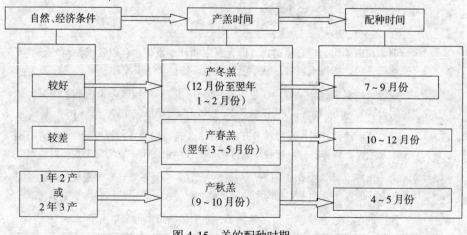

图4-15 羊的配种时期

配种方式

见表4-6。

表4-6　羊的配种方法比较

配种方式	优　点	缺　点	适用范围
自由交配①	节省人力和设备受胎率较高	混群放牧影响羊只采食；公羊精力消耗太大，不利于充分利用优良种公羊；不清楚配种的确切时间和母羊的预产期；易发生早配或近亲交配；易造成疾病的交叉感染；谱系及后代品质不清	限于一些条件较差的生产单位和农村使用
人工辅助交配②	清楚知道种公羊羊号、配种日期和母羊预产期；减少公羊体力消耗，提高受配母羊数	需要一定的人力、物力	在母羊群不大、种公羊数量较多的羊场使用
人工授精	谱系及后代品质清楚，便于选种选配；充分应用优秀的种公羊，加快遗传进展	成本较高	育种场和生产上常用

（四）人工授精

目标 ● 了解羊的人工授精技术方法

人工授精③是近代畜牧科技的一项重大成就，是当前我国推广良种、利用杂种优势和改造低产羊最重要的技术措施之一。对羊的繁育具有重要的现实意义。

◆ 扩大优良种公羊的利用率和使用年限。

◆ 避免繁殖疾病的交叉传染。

◆ 克服公、母羊体格悬殊造成的交配困难。

①自由交配是养羊原始的最简单的交配方式。在羊只的繁殖季节，按一定的公母比例（1：30～40），将选好的公羊与母羊混群放牧饲养，由公羊与发情母羊自行交配。

②配种季节每天对母羊群试情，把挑选出来的发情母羊与指定的种公羊交配。

③人工授精是利用一定的器械采集公羊的精液，经过精液品质检查和一系列的处理后，将品质评定合格的精液适时输入发情母羊生殖道内，从而达到母羊受胎的目的。

①装有固定架，用以保定台羊。

②要有天棚，墙壁刷白或糊白纸，面积不需太大，光线充足，温度保持18~25℃。寒冷地方可设火墙。

③面积较大，光线充足，干燥清洁，并装有横杠式输精架。把母羊后肢架在横杠上，一次能挂5~7只，便于连续输精。

④每个授精站至少要有2~3名技术人员，用于负责公羊的保健及人工授精等事宜。

⑤选种是按照既定目标选择优秀的种公羊；选配是决定公母羊的配对情况。

⑥两配指同质选配和异质选配。四不配是凡有共同缺点的不配、近亲的不配、公羊等级低于母羊等级的不配、极端矫正的不配。

◆ 加速改良步伐，促进育种进程。

◆ 保护品种资源，降低生产成本。

◆ 不受时空的限制，即可获得优秀种羊的冷冻精液。

◆ 提高母羊受胎率，迅速提高后代的生产水平。

1. 配种前的准备工作

▶ **配种站的设置**

见图4-16。

图4-16　配种站基本设置组成示意图

▶ **选种选配**

正确地选种选配⑤可以迅速提高羊群的质量。

◆体质结实匀称，生产性能高，生殖器官正常，雄性特征明显，精液品质优良。

◆种公羊数按照1∶（200~400）的比例计算。

◆有条件的羊场，每只种公羊可预备1~2只后备公羊。

◆选配要掌握"两配四不配"⑥的原则。

绵羊鉴定程序见图4-17，理想肉用型和缺陷型对比见图4-18。

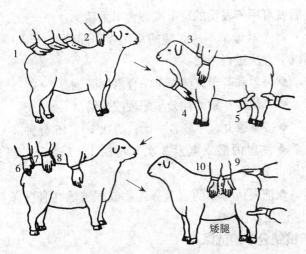

①采用体形外貌鉴定方法。在用手检查时，五指伸直，借指端手感来鉴定，不要猛戳羊体，保持羊只平稳状态。

图 4-17 绵羊鉴定程序①

1.鉴定由肩部到臀部被毛覆盖情况 2.按捏颈部，判定毛丛厚度与肌肉充实度，并检查杂质与污染程度 3.两手按压肩端两侧，检查胸部被毛和肌肉生长情况 4.双手探测胸围和前胸深度 5.握住后腿，拇指放在外侧上下按捏，鉴定腿毛和肌肉丰满程度 6~8.鉴定臀部宽度，腰部肌肉和肋骨拱起的丰满程度，并检查股部羊毛和肌肉情况 9~10.以一手置于臀的上部，一手伸在两腿间，探测后躯深度；用两手拨开被毛，观察毛丛内部状态，检查肩、腹侧和股部三个部位的羊毛状况

图 4-18 理想肉用型和缺陷型对比

▶ 种公羊的调教

公羊初次参加配种前，需要进行调教。

在开始调教时，选发情盛期的母羊允许进行本交。经过几次以后，公羊养成在固定地点交配射精的习惯，

81

以后就可用不发情的母羊或假台羊采精。

对于对母羊不感兴趣的初次参加配种的公羊，可采用以下方法进行调教：

◆公羊和若干只健康母羊合群同圈饲养。

◆"观摩"别的种公羊配种或采精。

◆按摩睾丸，早晚各一次，每次 10 ~ 15 分钟。

◆注射丙酸睾丸素 3 次，每次 1 ~ 2 毫升，隔日 1 次。

◆把发情母羊的阴道分泌物或尿液涂在种公羊鼻尖上，诱发其性欲。

▶ 试情公羊的选择

参见本章发情鉴定。

▶ 整顿羊群与抓膘

力求母羊在配种前达到中上等膘情，以确保发情整齐，争取在一个半月左右结束配种①。

在羔羊离乳②以后，应对羊群进行整顿：

◆淘汰不适宜繁殖的老龄母羊、连年不孕的母羊、有缺陷不能继续繁殖的母羊。

◆加强对瘦弱母羊的饲养管理。

◆母羊自羔羊离乳到下次配种能有 1.5 ~ 2 个月的休息和复壮抓膘的时间，保持圈舍干燥通风，让母羊夜间休息好。

◆对参加配种的母羊进行短期优饲③。

2.人工授精的技术程序

见图 4-19。

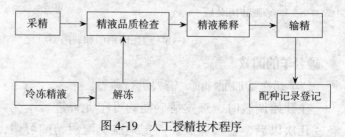

图 4-19　人工授精技术程序

①最好在配种开始后第一发情期内有 75% ~ 80% 的母羊受胎。

②一般羔羊在 2 ~ 3 月龄断奶。

③短时间内提高羊的营养水平，让其尽快达到要求。

采精

采精前认真进行器材的清洗与消毒（表 4-7）①、安装假阴道②、选择台羊③、做好公羊清洁④工作等。相关设备及操作分别见图 4-20 至图 4-25。

表 4-7　采精前器材的消毒

器材名称	消　毒　方　法
玻璃器材	电热鼓风干燥箱高温干燥消毒，130～150℃保持 20～30 分钟，待降至 60℃以下时，取出使用。也可用高压蒸汽消毒维持 20 分钟
橡胶制品	一般采用 75％的酒精棉球擦拭消毒，最好再用 95％的酒精棉球擦拭一次，以加速挥发残留在橡胶上面的水分和酒精气味，然后生理盐水冲洗
金属器械	新洁尔灭消毒溶液浸泡后，用生理盐水等冲洗干净；75％酒精棉球擦拭；酒精灯火焰消毒
溶液	每日消毒 1 次，隔水煮沸 20～30 分钟或高压蒸汽消毒。消毒时，避免玻璃瓶爆炸，瓶盖要取下或橡胶皮塞上插上大号注射针头，瓶口用纱布包扎
毛巾、纱布、台布和盖布	洗净后蒸汽消毒

①消毒方法因各种器械的质地不同而不同。

②假阴道是采精的主要工具，采精成功与否取决于假阴道的温度、压力和润滑度。

③用发情好的健康母羊或用训练好的公羊作台羊，还可用假台羊采精。不发情母羊好动，不好采精，不要用它作台羊。

④刷拭采精公羊体表，用 0.1％高锰酸钾溶液或无菌生理盐水擦拭公羊下腹部，挤出包皮腔内积尿及其他污物并擦干。

图 4-20　假台羊示意图

0.1％高锰酸钾溶液或无菌生理盐水

刷拭采精公羊体表和下腹部，挤出包皮腔内积尿及污物并擦干

图 4-21　采精公羊清洁图

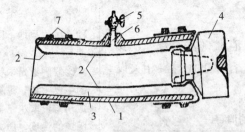
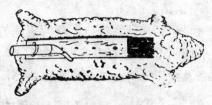

图 4-22　羊用假阴道示意图①　　　　图 4-23　假阴道安装位置②
1.外壳　2.内胎　3.温水　4.集精管（或集精杯）
5.气嘴　6.水孔　7.固定胶圈

①羊用假阴道是筒状结构，外壳长 20~30 厘米，内径 4~5.5 厘米。外壳由硬橡胶、金属或塑料制成；内胎为弹性强、薄而柔软无毒的橡胶筒；集精杯由暗色玻璃或胶质制成。

②最好将安装调试好的假阴道安置在假台畜的后躯内，任由公羊爬跨台羊在假阴道内射精。假台羊体内的集精杯端稍向下倾斜，以防精液倒流。

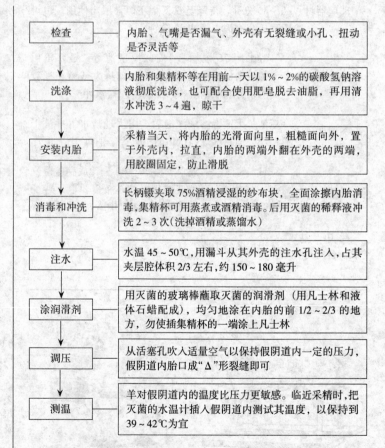

检查	内胎、气嘴是否漏气，外壳有无裂缝或小孔、扭动是否灵活等
洗涤	内胎和集精杯等在用前一天以 1%~2% 的碳酸氢钠溶液彻底洗涤，也可配合使用肥皂脱去油脂，再用清水冲洗 3~4 遍，晾干
安装内胎	采精当天，将内胎的光滑面向里，粗糙面向外，置于外壳内，拉直，内胎的两端外翻在外壳的两端，用胶圈固定，防止滑脱
消毒和冲洗	长柄镊夹取 75% 酒精浸湿的纱布块，全面涂擦内胎消毒，集精杯可用蒸煮或酒精消毒。后用灭菌的稀释液冲洗 2~3 次（洗掉酒精或蒸馏水）
注水	水温 45~50℃，用漏斗从其外壳的注水孔注入，占其夹层腔体积 2/3 左右，约 150~180 毫升
涂润滑剂	用灭菌的玻璃棒蘸取灭菌的润滑剂（用凡士林和液体石蜡配成），均匀地涂在内胎的前 1/2~2/3 的地方，勿使插集精杯的一端涂上凡士林
调压	从活塞孔吹入适量空气以保持假阴道内一定的压力，假阴道内胎口成"Δ"形裂缝即可
测温	羊对假阴道内的温度比压力更敏感。临近采精时，把灭菌的水温计插入假阴道内测试其温度，以保持到 39~42℃ 为宜

图 4-24　假阴道的安装步骤及方法

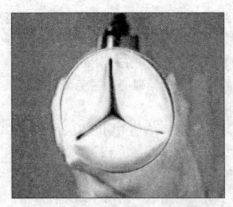

图 4-25 羊假阴道安装充气后理想的状态

①为增强公羊的性反射和提高射精量和精液品质，公羊引到台羊前，人为地控制几分钟后，再让其爬跨。

②避免对精子造成低温打击。

③指每周对种羊的采精次数。采精频率根据种羊配种季节（短）、精子产生数量、附睾内的贮精量（大）、每次射精量（小）、精子活率和饲养管理水平等因素决定（表4-8）。

采精①时，采精员蹲在台羊右后方（或者设置一平台，使采精架和台羊高置，采精员无须下蹲），右手横握假阴道，活塞向下，使假阴道前低后高，并与地面呈 35° ~ 40° 角，紧靠台羊臀部。当公羊爬跨伸出阴茎时，左手轻拉公羊包皮，将其导入假阴道内。当公羊猛力前冲，弓腰，则完成射精。公羊从台羊身上滑下时，顺势将假阴道向下向后移动取下，并立即倒转竖立，使集精杯（瓶）一端向下，以便精液流入其中。打开活塞放气，取下集精杯，迅速用盖盖好并保温（37℃水浴）②，标记公羊编号，送检备用。

表 4-8　正常成年公羊的采精频率③及其精液特性

类别	每周采精次数	平均每次射精量（毫升）	平均每次射出精子总数（亿）	平均每周射出精子总数（亿）	精子活率（%）	正常精子数（%）
绵羊	7~25	0.8~1.2	16~36	200~400	60~80	80~95
山羊	7~20	0.5~1.5	15~60	250~350	60~80	80~95

生产中，羊在配种季节内可每天采精 2~6 次，分上、下午进行。连续采精时，第一、二次应间隔 5~10 分钟，第三次与第二次应间隔 30 分钟以上。年轻公羊每天采精不应超过 2 次，连续采精 5~6 天应休息 1 天。

采精时，注意：

（1）应用手握包皮将阴茎导入假阴道，避免手指或外壳碰触阴茎，也不能把假阴道硬往阴茎上套。不要让假阴道内水流入精液，外壳有水要擦干。

（2）盛有精液的器皿必须避免太阳直接照射，注意保持18℃的温度。

（3）取下集精杯后，将假阴道夹层内的水放出。如继续使用，将内胎洗刷消毒后冲洗干净；如不继续使用，将内胎上残留的精液用洗衣粉溶液洗去，反复冲洗，干燥后备用。

（4）羊交配时间短，向前一冲即行射精，操作时注意力要高度集中，动作要迅速准确。

精液品质检查

这是人工授精工作中的一项重要内容，直接关系到种公羊的利用和人工授精效果，也能够为指导饲养管理和选留或淘汰种公羊提供依据。如精液样品中出现未成熟精子，精子尾部近头端有未脱落原生质滴，说明采精频率过高，应立即减少或停止采精，加强饲养管理。评价1只公羊精液品质和种用价值时，不能以少数几次检查的结果，而应以多次评定记录作为全面的综合分析的依据。环境因素对精子的影响见表4-9。精液品质检查方法及其指标见表4-10。

表4-9　环境因素对精子的影响

影响因素	产　生　后　果
温度	37～38℃时，精子保持正常的代谢和运动；高于38℃时，精子运动加剧，很快死亡；37℃以下，精子活动减弱；5～7℃时，精子基本停止活动而呈休眠状态
渗透压[①]	在高渗溶液中，精子脱水死亡；在低渗溶液中，精子吸水膨胀致死；精子最适宜的渗透压是等渗压[②]
酸碱度	在一定限度内，酸性环境对精子有抑制作用，碱性则有激发作用。超过一定限度均引起精子死亡。适宜的环境应为弱酸性、中性到弱碱性

①渗透压是由于细胞膜内外溶液浓度不同造成的膜内外的压力差。纯水能改变精子所在液体的渗透压，对精子极为有害。

②精清、乳汁、卵黄、血浆、生理盐水、精液稀释液等符合条件。

（续）

影响因素	产 生 后 果
光照	直射的阳光可加速精子的运动和代谢，促使其提早死亡，而且阳光中的紫外线对精子有直接的损害作用，但一般散射光对精子的影响不大。保存时宜用棕色瓶子
化学药品	消毒药均可杀死精子；某些抗生素，在一定浓度内对精子无毒害作用，而且可以抑制精液中的细菌，但浓度过大有致死作用。糖对精子活动起良好作用，卵黄中的卵磷脂能保护精子免受低温打击。此外，吸烟产生的烟雾，对精子有强烈毒害作用
异物	精液中混入异物时，许多精子因其趋向性①而以头部聚集异物周围，做摆动运动，从而终止了前进运动，不能参与受精过程
振动	可造成精子的机械性损伤，特别能破坏精子的颈部，导致精子头尾分离而失去受精能力

表 4-10　精液品质检查方法及其指标

检查方法	项　目	正常指标	异常指标
外观评定	颜色	灰色或乳白色	浅绿色、淡红色、黄色
	气味	无味或略带有腥味	恶臭等异常气味
	状态	翻滚呈云雾状②	有絮状物③
	射精量	0.8～1.8毫升，一般为1毫升	
显微镜检查	精子活率④	3分或0.6以上	3分或0.6以下
	精子密度⑤	应在"中"以上	"稀"、"无"
	精子活动力⑥	"一般"以上	"弱"、"无"
	精子形态⑦	畸形率不超过14%	超过20%
细菌学检查	细菌菌落数/毫升精液	不超过1 000个	超过1 000个
pH的测定	pH	新鲜精液6.5～6.9	不在此范围内
耗氧量测定	精子耗氧量⑧	5～22微升/小时	

①趋向某些化学物质运动的特性。

②指新鲜精液在33～35℃下，精子成群运动所产生的上下翻滚的现象。+++ 翻滚明显而且较快；++ 翻滚明显但较慢；+仔细看才能看到精液的移动；－无精液移动。

③羊有副性腺炎症。

④也称活力，是精液中前进运动精子占有的百分率。每个环节处理的精液都要借助光学显微镜（200～400倍）进行评定。

⑤又称精子浓度，指1毫升精液中含有的精子数。精子活率和密度同时检查。

⑥在显微镜下观察精子所表现活动能力的强弱。

⑦找视野中畸形精子，并计算畸形率。

⑧1亿精子在37℃下1小时所消耗的氧气量。用瓦氏呼吸器测定。

　　检查精液品质用恒温加热板及电光源显微镜（图4-26）。在低倍显微镜下根据精子之间的距离来评定：小于一个精子的距离，很难看见单个精子活动，评为"密"；相当于一个精子长度，并能看到精子的活动，评为"中"；超过一个精子的长度，评为"稀"；视野中看不到精子，用"无"表示（图4-27）。其密度分别为25亿以上、20亿~25亿、20亿以下和用血细胞计数器可以知道确切的精子数。

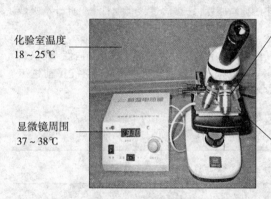

化验室温度
18~25℃

显微镜周围
37~38℃

为防止镜头压着或压破盖玻片，可先将镜头下降到几乎接近盖玻片的程度，然后再慢慢升高镜头至适度为止

载玻片与盖玻片必须洗涤清晰并使干燥；样品要有代表性，要求从全部并轻轻摇动的精液中取样

图 4-26　精液品质检查用恒温加热板及电光源显微镜

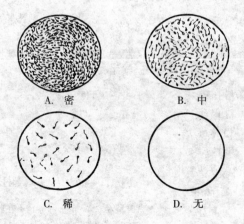

A. 密　　　　　　B. 中

C. 稀　　　　　　D. 无

图 4-27　显微镜下精子密度评定示意图

精子的运动形式用来评定精子活动力和精子活率。正常运动为直线运动（图4-28a），其他的如摆动（图4-28b）、转圈（图4-28c）、颤动等为异常运动。200～400倍镜下观察精子活动状态：强——最活跃的直线前进运动；较强——较活跃的直线前进运动；一般——缓慢的直线前进运动；弱——旋转运动或原地摆动；无——完全不动的状态。

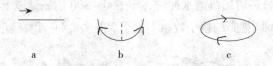

图4-28 精子几种运动示意图
a.直线运动 b.摆动 c.转圈运动

表4-11 精子活率评分标准[1]

评分标准	精子呈直线前进运动的百分率（%）										
	100	90	80	70	60	50	40	30	20	10	0
0～10级评分（分）	1.0	0.9	0.8	0.7	0.6	0.5	0.4	0.3	0.2	0.1	0
五级制评分（分）	5		4		3		2		1		0

①精子活率评分标准见表4-11。

②分头、颈、尾三部分。颈部是头和尾的连接部；尾是代谢和运动器官，分为中段、主段、尾部、尾端等（图4-29）。

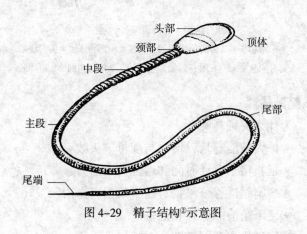

图4-29 精子结构[2]示意图

畸形精子包括有头部畸形（如巨大、细长、瘦小、圆形、双头、缺损、皱褶等）或头尾分离，精子尾部中段的前端、中部或末端附着有原生质小滴，尾部卷圈、弯曲、短小、长大、缺损和其他形式畸形（图4-30）。取一滴精液置于载玻片上，将样品滴以拉出形式制成抹片。干燥后，浸入96%酒精或5%福尔马林中固定2～5分钟，用蒸馏水冲洗，阴干后用伊红（或美蓝、龙胆紫、红墨水）染色2～5分钟后用蒸馏水冲洗，于600～800倍显微镜下观察、检查不同视野的精子数（不少于300个），并计算畸形率。

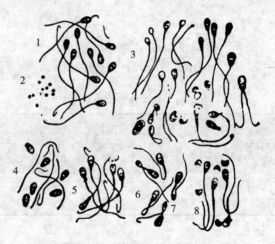

图4-30　精子形态示意图

1.正常精子　2.游离原生质滴　3.各种畸形精子　4.头部脱落
5.附有原生质滴　6.附有远侧原生质滴　7.尾部扭曲　8.顶体脱落

▶ 精液稀释

为什么要稀释呢？

- 扩大精液容量，增加与配母羊头数。
- 延长精子存活时间和增强精子活力。
- 缓解副性腺分泌物对精子的损害作用。
- 便于精液的保存和运输。

精液稀释流程图见图4-31。

表 4-12　稀释液[①]的主要成分及作用

主要成分	作　用	常用物质
稀释剂	扩大精液容量	生理盐水、糖类及某些盐类溶液
营养剂	提供精子体外所需要的能量，延长精子的存活时间	糖类、奶类及卵黄等
缓冲物质	缓冲作用；EDTA 与重碳酸盐结合时，能增强对精子的酸抑制作用	柠檬酸钠、磷酸二氢钾、磷酸氢二钠、碳酸氢钠、三羟甲基氨基甲烷（Tris）碱性缓冲液、乙二胺四乙酸（EDTA）
非电解质	延长精子在体外的存活时间	各种糖类、氨基酸等
保护剂　防冷物质	防止精子冷休克[②]	卵磷脂、脂蛋白及含磷脂的脂蛋白复合物等，以卵磷脂效果最好
抗冻保护物质	抗冷冻危害	甘油、二甲基亚砜（DMSO）
抗生素	抑制微生物的繁殖	青霉素、链霉素、氨苯磺胺、卡那霉素、林肯霉素、氯霉素等
其他添加剂	改善精子外在环境的理化特性，调节母畜生殖道的生理功能，提高受精机会	酶类、激素类、维生素和 pH 调节物等

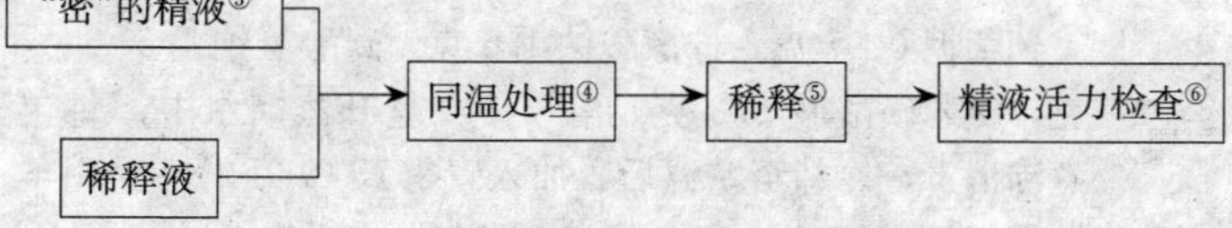

图 4-31　精液稀释流程图

①稀释液应选择易于抑制精子活动，减少能量消耗，延长精子寿命的弱酸性稀释液（常见稀释液见表 4-12）。

②从体温状态急剧下降到 10℃ 以下时，精子会不可逆地失去活力，不能恢复，这称为冷休克。

③通常是"密"的精液才能稀释。一般稀释 1～4 倍。稀释后的精液每次输精量（0.1～0.2 毫升）应保证有效精子数在 5 000 万～7 000 万个以上。稀释倍数 = 精子密度 × 活率 / 每毫升稀释精液中应含有效精子数。

④同时置于 30℃ 左右的水浴锅或恒温箱。

⑤把稀释液沿瓶壁缓慢倒入精液，轻轻转动混匀。高倍稀释时，先以 1∶5 稀释，放置几分钟后再稀释至应稀释倍数。

⑥稀释后，静置片刻再进行检查。活力不能有明显下降。

稀释液应现配现用（表4-13）。用具、容器要干净、消毒。蒸馏水或去离子水要新鲜，沸水应在冷却后用滤纸过滤。化学纯或分析纯制剂称量要准确，溶解过滤后消毒。奶类在水浴中灭菌后除去奶皮。卵黄要新鲜，取前对蛋壳消毒。卵黄、奶类、活性物质及抗生素等必须在稀释液冷却至室温时临时加入。

表 4-13　稀释液的配制

方法	配　　制	适用对象
I	取新鲜牛奶或羊奶用7层纱布过滤后，装入烧杯中置热水锅中煮沸消毒20～30分钟，冷却至30℃	绵羊、山羊
II	取9克奶粉加100毫升蒸馏水溶解。操作同上	绵羊、山羊
III	取葡萄糖3克，柠檬酸钠1.4克，加蒸馏水100毫升，滤过2～3遍，隔水煮沸消毒30分钟，冷却至25℃，加入新鲜卵黄20毫升，振荡溶解	山羊
IV	0.9%氯化钠溶液（生理盐水）90毫升，加新鲜卵黄10毫升，拌匀可应用	绵羊、山羊
V	取葡萄糖5.2克，乳糖2克，柠檬酸钠0.35克，EDTA 0.07克，三羟甲基氨基甲烷（THS）0.05克，加蒸馏水100毫升，滤过2～3遍，再装入生理盐水瓶，置高压蒸汽灭菌器，在压力10磅时消毒10分钟。在冬季使用，可在稀释液消毒冷却后添加新鲜卵黄10毫升	山羊
VI	0.9%氯化钠溶液稀释液	绵羊、山羊
VII	100毫升蒸馏水加10克明胶，0.1克后莫氨磺酰，0.15克磺胺甲基嘧啶钠，3克二水柠檬酸钠，每毫克再加青霉素1 000单位，链霉素1 000微克	绵羊
VIII	葡萄糖0.97克，柠檬酸钠1.6克，碳酸氢钠1.5克，氨苯磺酰胺0.3克，溶于100毫升蒸馏水中，煮沸消毒，冷却至室温后，加入青霉素10万单位，链霉素10万单位，新鲜卵黄20毫升，摇匀	绵羊、山羊

> **输精**

这是羊人工授精的最后一个技术环节。适时而准确地把一定量的优质精液输入到发情母羊的子宫颈口内，是保证母羊受胎、妊娠、产羔的关键。

（1）输精前的准备

◆ 输精用具彻底洗涤，严格消毒。用前用灭菌稀释液冲洗。

◆ 输精人员穿好工作服，手用75%酒精消毒后，用生理盐水冲洗。

◆ 用输精架或人工倒提后肢保定发情母羊。

◆ 用符合要求的精液输精。

（2）输精技术要求　一般一个情期2次输精，上午试情，下午输精，下午试情，第二天上午输精（表4-14）。

表4-14　人工授精技术要点

输精量 （毫升）	输精 时间	输精 次数	间隔时间 （小时）	有效 精子数	输精 部位
绵羊0.2～0.5；山羊0.25	发情后20～30小时内	2次	8～10	绵羊7 500万个以上；山羊5 000万个以上	子宫颈浅部或阴道底部

鉴于本地山羊阴道狭小，使用开膣器（图4-32）插入阴道内困难，可以把精液用输精管输到阴道的底部。

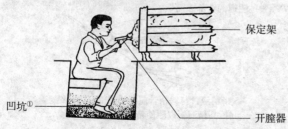

图4-32　开膣器输精②示意图

保定架

凹坑①

开膣器

①便于输精操作。

②适用于体格较大的羊。将输精器通过开膣器插入子宫颈内0.5～1厘米。

93

（3）**输精方法** 见图4-33和图4-34。

山羊两后腿提
起倒立,用两腿
夹住羊的前躯
进行保定 ➡

外阴消毒 ➡

输精员将输精
管沿母羊背部
插入到阴道底
部输精,相应地
加大输精剂量 ➡

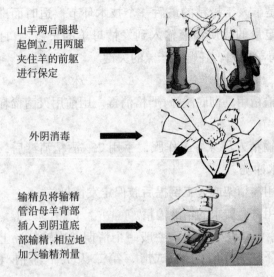

图4-33 输精管阴道插入法示意图

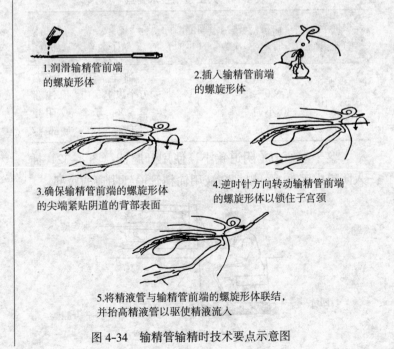

1.润滑输精管前端
的螺旋形体

2.插入输精管前端
的螺旋形体

3.确保输精管前端的螺旋形体
的尖端紧贴阴道的背部表面

4.逆时针方向转动输精管前端
的螺旋形体以锁住子宫颈

5.将精液管与输精管前端的螺旋形体联结,
并抬高精液管以驱使精液流入

图4-34 输精管输精时技术要点示意图

▶ 精液的运送

◆ 运送关键：保温、防震、避光。

◆ 密度评价不能低于4级。

◆ 尽量缩短途中时间。

◆ 近程且立即用于输精的，不需特殊降温。

◆ 到达目的地，检查精子活力，合格方可接收。

（1）短途运送精液　利用广口保温瓶运送。用双层集精瓶采集的精液不必倒出，盖上盖装入广口保温瓶，瓶底及四周垫上棉花，以防碰碎。

（2）远程长时间运送精液　先将广口保温瓶用冷水浸一下，填装半瓶冰块，温度保持在0～5℃。为防止温度突然下降和冰水混合物浸入容器内，可将容器放入垫棉花的大试管里，或者将装满精液的小试管用灭菌玻璃纸包以棉花塞严，再用玻璃纸包扎管口后，包以纱布置于胶皮内胎中，直接放入广口瓶内。由于精子对温度的变化非常敏感，所以对于精液的降温和升温都必须缓慢处理。精液取出后，置于18～25℃室温下缓慢升温，经检查合格后即可用于输精。

（五）冷冻精液

目标　　●了解冷冻精液生产技术方法

冷冻精液是超低温保存精液的一种方式，是人工授精技术的新发展。精液冷冻，可以：

◆ 解决羊精液长期保存的问题；

◆ 使精液的利用突破时间、地域和种公羊等的限制；

◆ 极大地提高优良种公羊的利用率；

◆ 加速品种的育成和改良步伐；

◆ 使优良种公羊在短期进行后裔测定成为可能，为保留和恢复某一品种或个体公羊的优秀遗传特性提供了方便；

◆ 有利于血统更新、引种、降低生产成本。

精液保存方法见表 4-15，冷冻精液生产技术流程见图 4-35。

为保证贮存于液氮罐（图 4-36）中的冷冻精液品质，不使精子活力下降，在贮存及取用时应做到：

表 4-15　精液保存的方法

方　法	液态保存		固态保存
	常温	低温	冷冻保存
温度（℃）	15～25	0～5	−196～−76
时间（天）	1～2	5～7	长期

图 4-35　冷冻精液生产技术流程图

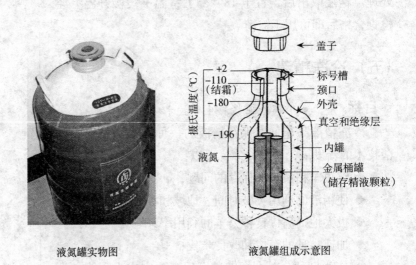

液氮罐实物图　　　　液氮罐组成示意图

图 4-36　冷冻精液用液氮罐实物图及其组成示意图

（1）液氮罐应放在凉爽通风处。

（2）避免液氮罐直接放置在混凝土地面或接触常用的化学清洁剂①。

（3）按照液氮罐保温性能的要求，定期添加液氮，液氮容量不能少于总容量的 1/3。

（4）当发现液氮罐口有结霜现象，并且液氮的损耗量迅速增加时，可能是液氮罐有损坏的迹象，要及时更换新液氮罐。

（5）从液氮罐取冷冻精液应迅速，所用的镊子在取精液之前应预冷。取精液时，盛精液的提筒或纱布袋应在液氮罐口下 8 厘米。

（6）将贮精提斗向另一超低温容器转移时，动作要快，贮精提斗在空气中暴露的时间不得超过 5 秒。

（7）如果在 5 秒钟之内没有完成选定并取出细管，把精液放回液氮，30 秒后再选。

1. 精液冷冻保存稀释

冷冻精液稀释液中要添加一定的抗冻物质，多使用甘油。甘油亲水性强，可以限制和干扰水分子的重新排列，阻止结晶的形成；还可渗入精子内部，参加精子代谢，为精子提供能量；同时是很好的溶剂，具有杀菌作用。甘油浓度过大，对精子则有毒害作用，所以将其用量控制在 1%～3%左右。见表 4-16 和表 4-17。

①潮湿混凝土或清洁剂释放酸类，易腐蚀液氮罐，导致真空密封失效。

表 4-16　冷冻精液稀释液的配制

配　方	组　　成		适用对象
	基　础　液	稀　释　液	
果糖-乳糖-卵黄-甘油液	双重蒸馏水 100 毫升，果糖 1.5 克，乳糖 10.5 克	Ⅰ液：基础液 80 毫升，新鲜卵黄 20 毫升，青霉素、链霉素各 10 000 国际单位；Ⅱ液：Ⅰ液 93 毫升，灭菌甘油 7 毫升	山羊

（续）

配 方	组 成		适用
	基 础 液	稀 释 液	对象
葡萄糖-Tris-卵黄-甘油液	双重蒸馏水100毫升，葡萄糖1.0克，一水柠檬酸钠1.34克，Tris 2.42克	基础液82毫升，新鲜卵黄10毫升，灭菌甘油8毫升，青霉素1000国际单位/毫升，双氢链霉素1000微克/毫升	山羊
乳糖-卵黄-甘油液	双重蒸馏水100毫升，乳糖10克	基础液72.5毫升，新鲜卵黄20毫升，灭菌甘油3.5毫升，青霉素1000国际单位/毫升，链霉素1000微克/毫升	绵羊
葡萄糖-乳糖-卵黄-甘油液	双重蒸馏水100毫升，葡萄糖2.25克，乳糖8.25克	基础液75毫升，新鲜卵黄20毫升，灭菌甘油5毫升，青霉素1000国际单位/毫升，双氢链霉素1000微克/毫升	绵羊

表4-17 冷冻精液稀释要点

要 点		颗粒精液	安瓿精液	细管精液
稀释倍数①		1:1	1:3	1:3
稀释方法②	一次稀释法	—	—	使用
	两次稀释法	使用	使用	—

2. 平衡

是精液与防冻剂（甘油）相互作用的时间，一般2～4小时③（图4-37）。

①指精液与稀释液之比。

②一次稀释法是将冷冻稀释液按比例一次性加到原精液中。两次稀释法是精液冷冻前分成两次稀释，目的是为了减少甘油对精子的有害作用，冷冻效果较好。

③将稀释后的精液从30℃以上经1～2小时缓慢降温至5℃，然后在5℃冰箱内放置1～2小时。目的是使精子有一个适应低温的过程，能使甘油充分渗透入精子体内，达到抗冻保护作用。

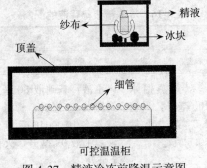

图4-37 精液冷冻前降温示意图

3. 分装与冷冻

▶ **分装**

见图 4-38。

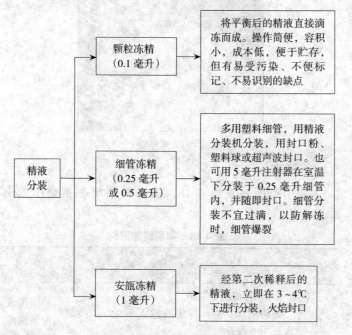

图 4-38　精液分装流程图

流程图内容：

精液分装 →

- 颗粒冻精（0.1 毫升）→ 将平衡后的精液直接滴冻而成。操作简便，容积小，成本低，便于贮存，但有易受污染、不便标记、不易识别的缺点
- 细管冻精（0.25 毫升或 0.5 毫升）→ 多用塑料细管，用精液分装机分装，用封口粉、塑料球或超声波封口。也可用 5 毫升注射器在室温下分装于 0.25 毫升细管内，并随即封口。细管分装不宜过满，以防解冻时，细管爆裂
- 安瓿冻精（1 毫升）→ 经第二次稀释后的精液，立即在 3～4℃下进行分装，火焰封口

▶ **冷冻**

冷冻前对冷冻器材，如氟板、铜纱网等用紫外线消毒灭菌。图 4-39 显示的是冻精颗粒。

氟板冷冻法：初冻温度为 −100～−90℃。将液氮盛入铝盒冷冻器中，氟板浸入液氮中预冷数分钟后（氟板不沸腾为准），取出平放在冷冻器上，距离液氮面为 1 厘米，再加盖 3 分钟，按每颗粒 0.1 毫升剂量滴冻。滴完后再加盖 4 分钟，然后将氟板连同冻精浸入液氮中。铜纱网冷冻法：将液氮盛入约 5.4 千克的广口瓶，距瓶口约 7 厘米，然后将铜纱网浸入液氮 3 分钟，并在铜纱网底下做距液氮面 1 厘米的漂浮器将铜纱网漂在液氮面上，进

行滴冻，滴完后加盖 4 分钟，将铜纱网浸入液氮中。两种方法经解冻、镜检，合乎要求者分装保存。

图 4-39　冻精颗粒

4. 解冻

常用解冻液见表 4-18，冷冻精液解冻示意图见图 4-40。

①颗粒精液湿解冻时需要解冻液。干解冻是把消毒过的干燥试管浸入 40℃ 左右温水中预热，然后放入 1 粒冷冻精液，轻轻摇动试管，使颗粒精液迅速融解。

表 4-18　常用解冻液①

配方	组　　　成	备　注
Ⅰ	2.9％柠檬酸钠溶液	购买或配制解冻液不便，可用医用维生素 B₁₂ 注射液代替
Ⅱ	葡萄糖 3.0 克，柠檬酸钠 1.4 克，加蒸馏水至 100 毫升	
Ⅲ	葡萄糖 1.15 克，柠檬酸钠 1.7 克，磷酸二氢钾 0.325 克，碳酸氢钠 0.09 克，氨苯磺胺 0.3 克，加蒸馏水至 100 毫升	
Ⅳ	0.6 克乙二胺四乙酸钠，2.9 克柠檬酸钠，加蒸馏水至 100 毫升	

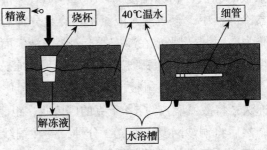

图 4-40　冷冻精液解冻示意图

◆ 水温 35~40℃，放入解冻温水前用纸巾擦干细管，塞子朝上放入解冻温水中；

◆ 解冻时间 45 秒，只解冻 3 分钟之内使用的精液（图 4-41）。

图 4-41　细管精液解冻

▶▶ 注意事项

（1）解冻前应将温水备好，并事先预热解冻试管和解冻液。冬季或早春输精时，输精管或输精枪也应预热。

（2）解冻后应立即输精，从解冻到输精之间的时间最长不得超过 1~2 小时，此段时间应注意保温。

（3）在必要的情况下，颗粒精液解冻后需做短时间保存时，可用含卵黄（或奶液）的解冻液（解冻液中加入 20%的卵黄），以 10~15℃水温解冻，逐渐降到 2~6℃的环境中保存。保存过程中温度应恒定，切忌升温。

5.冷冻精液的评定

评定冷冻精液一般在解冻后进行，评定的主要指标见表 4-19。

表 4-19　冷冻精液评定的主要指标

剂量（毫升）	精子活率（下限）	有效精子数	精子畸形率	顶体完整率[1]	精子存活时间[2]	病原微生物（细菌数）
细管 0.25±0.1 颗粒 0.1±0.01	0.35	3 000万个以上/剂量	低于20%	40%以上	精子活率大于 0.05[3]	不超过1 000个/毫升

[1]顶体异常有膨大、缺陷、部分脱落、全部脱落等。

[2]指精子在一定条件下体外的总生存时间。

[3]将稀释后的精液置于37℃保存 4 小时后检查活率。

（六）羊的妊娠

目标　●了解羊的妊娠过程及其检测技术

羊妊娠流程见图 4-42。

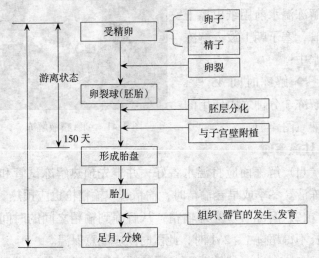

图 4-42 羊妊娠过程流程图

1. 受精

受精过程见图 4-43。

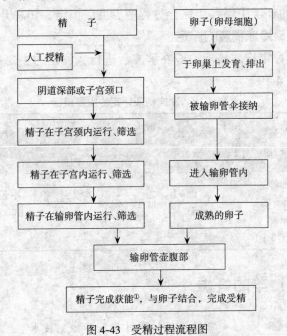

图 4-43 受精过程流程图

①一些动物新射入母畜生殖道内的精子，不能立即和卵子受精，必须经历一定时期，进行某种生理上的准备，经过形态及生理生化发生某些变化之后，才能获得受精能力。这一生理现象称为精子获能。

2. 早期胚胎发育

精子和卵子配合形成单细胞胚胎以后，个体发育就开始启动，通过一系列有序的细胞增殖和分化，胚胎由单细胞变成多细胞，由简单细胞团分化为各种组织、器官，最后发育成完整的个体（图4-44）。

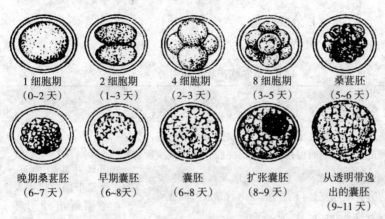

1细胞期 （0~2天）	2细胞期 （1~3天）	4细胞期 （2~3天）	8细胞期 （3~5天）	桑葚胚 （5~6天）
晚期桑葚胚 （6~7天）	早期囊胚 （6~8天）	囊胚 （6~8天）	扩张囊胚 （8~9天）	从透明带逸出的囊胚 （9~11天）

图4-44 妊娠天数和胚胎发育阶段

3. 胎膜的形成、构造及作用

胎膜①也叫胚胎外膜。它从母体内吸取营养供给胎儿，又将胎儿代谢产生的废物运走，并能进行酶和激素的合成，因此是维持胚胎发育并保护其安全的一个重要的暂时性器官，产后即被遗弃。胎膜由卵黄囊、羊膜、尿膜和绒毛膜所组成。

4. 妊娠诊断

采用直肠－腹壁诊断法。

5. 预产期的计算

羊的妊娠期约为5个月左右。羊的预产期可按公式推算，即配种月份加5，配种日期减2。

例如：1只母羊配种日期为2008年9月10日，其预产期为2009年2月8日。

①胎儿在子宫内发育的过程中所形成的和母体建立联系的膜，又叫胎衣、胞衣、衣胞等。

（七）羊的分娩

目标
- 了解并掌握羊的分娩征兆
- 了解羊的难产、助产及假死的处理
- 掌握初生羔羊和产后母羊的护理

1. 分娩征兆

见表 4-20。

表 4-20 母羊临产状态的判断

判断指标	特　征	备　注
乳　房	乳房膨大，乳头增大变粗，乳房静脉血管怒张，手摸有硬肿之感，同时可挤出少量清亮胶状液体或少量初乳	尤其是母羊已经卧地并四肢伸直、肷窝下陷、努责及羊膜露出外阴部时，应立即将母羊送进产房准备接产
外阴部	阴唇逐渐松软、肿胀并体积增大，阴唇皮肤皱褶展平，并充血稍变红，从阴道流出的黏液由稠变稀	
骨　盆	骨盆韧带开始松弛，肷窝凹陷	
行　为	食欲减退，甚至反刍停止；排尿次数增多；精神不安，不时努责和哞叫，四肢刨地，回顾腹部等	

2. 产羔前的准备

▶ 产房的准备

◆ 根据配种记录，在产前 10 ~ 15 天应打扫干净产房、运动场、饲槽、草架等，并用石灰水或 2% ~ 3% 来苏儿彻底消毒。

◆ 产房要求通风良好，地面干燥，没有贼风。

◆ 产房温度维持在 10 ~ 18℃，湿度不高于 50%。

▶ 饲草料的准备

◆ 混合精料是营养比较全面的配合料或混合料。

◆ 干草最好用富含豆科牧草和适口性强、易消化的杂拌干草。

◆ 有一定数量的多汁块根块茎饲料和青贮饲料。

▶ 用具和药品的准备

消毒用药品：如来苏儿、酒精、碘酒、肥皂、高锰酸钾，消毒纱布、脱脂棉，以及必需药品，如强心剂、镇静剂、垂体后叶素，还有注射器、针头、温度计、剪刀、羊毛剪、断尾钳、编号用具、打号液、提灯、台秤、毛巾、脸盆、水桶、饲槽、水槽、拌料用具、草架、工作服、产羔记录本等，均应准备齐全。

▶ 羊群调整

产羔前，应根据繁殖母羊的配种记录，按预产期的前后顺序，重新组织羊群，以利于组织和安排产羔期的生产，并便于养羊者观察和及时发现临产的母羊。

▶ 人员安排

应指定专人负责，并配备一定数量的辅助人员。

3. 正常接产

（1）正常分娩时羔羊先露出两前肢，头附于两前肢之上产出，此时不必助产。

（2）正常分娩的母羊，在羊膜破后 10~30 分钟，即可产出羔羊。

（3）有的母羊产出一只羔后，仍有阵痛表现，有可能还有未产的羔羊，必须注意检查。方法是用手掌在母羊腹部前方适当用力向上推举，如是双羔，可触到一个硬而光滑的羔体。此时实施助产。

（4）顺产的羔羊一般会自行扯断脐带，人工助产娩出的羔羊可由助产者断脐。断脐前在离脐带基部 10 厘米左右处，用手把脐带中的血向羔羊脐部捋几下，然后将其拧断或者用剪刀剪断，并用 5%碘酊或 1%石炭酸水溶液消毒断端。

（5）胎衣通常在产后半小时到 2~3 小时排出，要及时捡出和深埋或者经过妥善处理后出售或制药用，不要让母羊吞食，以免造成母羊"食仔癖"恶习。如果经过

①受凉造成假死的羔羊，应立即将羔羊移入暖室进行温水浴。

②训练羔羊吃奶方法是把羊奶挤在指尖上，然后将有乳汁的手指放在羔羊的嘴里让它吸吮，随后移动羔羊到母羊乳头上，以吸吮母乳。

③羔羊送给保姆羊之前，将母羊尿液或乳汁涂抹在过哺羔羊的身上，待放过去后让母羊嗅闻，接着实行人工辅助哺乳，慢慢地保姆羊就接受过哺羔羊吃奶了。用奶瓶时，喂奶角度不超过30°，让羔羊自己吃，不要硬灌，防止呛乳。

④羔羊出生后，应立即和母羊一起送到分娩小圈内，哺育5天左右。母仔亲和，羔羊强壮结实的，从分娩小圈转入母仔小群圈生活5～10天。母仔均能正常哺育生活和羔羊生长发育正常的，转到带羔哺乳的母仔大群。

4～5小时胎衣仍不排出，可按胎衣不下进行治疗。

4. 难产助产与处理

▶ 难产母羊的助产

有的初产母羊因骨盆和阴道较狭小，或双胎母羊在分娩第二只羔羊时已疲乏，均需要助产。

方法是在母羊体躯的后侧，用膝盖轻轻压其欣部，等羔羊的嘴端露出后，用一手向前推动母羊会阴部，羔羊头部露出后，再用一手托住头部，一手握住前肢，随着母羊的努责向下方拉出胎儿。

若属于胎势异常或其他原因的难产时，应及时请有经验的技术人员协助解决。

▶ 假死羔羊的处理

（1）*方法一* 提起羔羊两后肢，使羔羊悬空，同时拍打其胸部。

（2）*方法二* 让羔羊仰卧，用两手有节律地按压胸部两侧，或向鼻孔吹气，使其复苏。

（3）*方法三*① 将羔羊放入38℃的温水中，使其头露出水面，严防呛水，之后把水温逐渐地升至45℃，浸泡20～30分钟后，羔羊便可复苏。

5. 产后母羊与初生羔羊的护理

▶ 初生羔羊的护理

（1）辅助羔羊吃上初乳②。

（2）预防羔羊疾病。

（3）做好羔羊的寄养工作或进行人工哺乳③（图4-45）。

（4）及时排出胎粪。

（5）羔羊补饲。

（6）注意环境控制。

（7）母仔群管理④。

（8）适量运动和放牧。

图4-45 人工哺乳示意图

(9) 强化饲养，提早断奶。

▶ 产后母羊的护理

(1) 注意保暖、防潮，避免风吹和感冒。

(2) 保持产圈安静，尽量减少人为刺激，让母羊充分休息。

(3) 不能让母羊饮冰水和冷水，应饮少量清洁温水，可在温水中加少量食盐和麸皮。

(4) 产后 1～3 天，应给予母羊质量好、易消化的饲草饲料，且喂量不能太多，尽量不喂精料。

(5) 3 天后可转为正常饲养。

(6) 保证适量的运动，充足的光照。

(7) 有的母羊产羔后，有努责而又不是双羔，要及时把母羊扶起，令其运动，防止子宫脱出。

(八) 繁殖性能测定

目标
● 了解提高羊繁殖力的技术措施
● 掌握羊的繁殖力的主要指标

1. 提高羊繁殖力的主要措施

繁殖力是指动物维持正常生殖机能和繁殖后代的能力。

◆ 加强公母羊的饲养管理。

◆ 加强遗传选育，提高本品种繁殖力。

◆ 引入多胎基因，培育新的多胎品种。

◆ 调整畜群结构，增加适龄繁殖母羊比例。

◆ 加强环境控制。

◆ 合理安排年产羔次数。

◆ 利用繁殖新技术。

2. 繁殖力的主要指标

$$受配率 = \frac{配种母羊数}{适龄母羊数} \times 100\%$$

$$总受胎率 = \frac{受胎母羊数}{配种数} \times 100\%$$

$$情期受胎率 = \frac{受胎母羊数}{情期配种数} \times 100\%$$

$$产羔率 = \frac{产出羔羊数}{分娩母羊数} \times 100\%$$

$$羔羊成活率 = \frac{成活羔羊数}{产出羔羊数} \times 100\%$$

$$繁殖成活率 = \frac{断奶成活羔羊数}{适龄繁殖母羊数} \times 100\%$$

$$空怀率 = \frac{能繁母羊数 - 受胎母羊数}{能繁母羊数} \times 100\%①$$

$$能繁母羊比率 = \frac{本年度终能繁母羊数}{本年度终羊群总数} \times 100\%$$

①能繁母羊（适龄母羊）主要指10月龄（山羊）和1.5岁（绵羊）以上的母羊。

五、羊的营养与饲料

（一）羊的营养需要

目标 ● 了解不同生理状态下羊的营养需要

羊因其种类、生理机能、生产目的、生产性能、体重、年龄和性别等的不同，对能量和各种营养物质的需要，在数量和质量上都有很大的差别。实际生产中，羊的营养供给量大于羊的营养需要（图5-1）。美国的绵羊饲养标准见表5-1。

供给量指在实际生产条件下为满足动物的需要，对

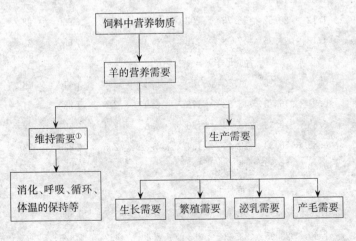

图 5-1　羊的营养需要示意图

①指羊在休闲状态下，维持其生命正常活动，如消化、呼吸、循环、体温的保持等所需的营养。

表 5-1 美国的绵羊饲养标准（NRC，1985）

体 重（千克）	日增重（克）	食 入干物质（千克）	总 消化养分（千克）	能 量		粗蛋白质（克）	钙（克）	磷（克）	有效维生素 A（国际单位）	有效维生素 E（国际单位）
				消化能（兆焦）	代谢能（兆焦）					
母羊维持										
50	10	1.0	0.55	10.05	8.37	95	2.0	1.8	2 350	15
60	10	1.1	0.61	11.30	9.21	104	2.3	2.1	2 820	16
70	10	1.2	0.66	12.14	10.05	113	2.5	2.4	3 290	18
80	10	1.3	0.72	13.40	10.89	122	2.7	2.8	3 760	20
90	10	1.4	0.78	14.25	11.72	131	2.9	3.1	4 230	21
非泌乳期——妊娠前 15 周										
50	30	1.2	0.67	12.56	10.05	112	2.9	2.1	2 350	18
60	30	1.3	0.72	13.40	10.89	121	3.2	2.5	2 820	20
70	30	1.4	0.77	14.25	11.72	130	3.5	2.9	3 290	21
80	30	1.5	0.82	15.07	12.56	139	3.8	3.3	3 760	22
90	30	1.6	0.87	15.91	13.25	148	4.1	3.6	4 230	24
妊娠最后四周（预计产羔率为 130%～150%）或哺乳单羔的泌乳期后 4～6 周										
50	185(45)	1.6	0.94	18.42	14.25	175	5.9	4.8	4 250	24
60	185(45)	1.7	1.00	18.42	15.07	184	6.0	5.2	5 100	26
70	185(45)	1.8	1.06	19.68	15.91	193	6.2	5.6	5 950	27
80	185(45)	1.9	1.12	20.52	16.75	202	6.3	6.1	6 800	28
90	185(45)	2.0	1.18	21.35	17.58	212	6.4	6.5	7 650	30
育成母羊										
30	227	1.2	0.78	14.25	11.72	185	6.4	2.6	1 410	18
40	182	1.4	0.91	16.75	13.82	176	5.9	2.6	1 880	21
50	120	1.5	0.88	16.33	13.40	136	4.8	2.4	2 350	22
60	100	1.5	0.88	16.33	13.40	134	4.5	2.5	2 820	22
70	100	1.5	0.88	16.33	13.40	132	4.6	2.8	3 290	22
育成公羊										
40	330	1.8	1.10	20.93	21.35	243	7.8	3.7	1 880	24
60	320	2.4	1.50	28.05	23.03	263	8.4	4.2	2 820	26

（续）

体 重 (千克)	日增重 (克)	食入 干物质 (千克)	总 消 化养分 (千克)	能 量		粗蛋白质 (克)	钙 (克)	磷 (克)	有效维 生素 A (国际 单位)	有效维 生素 E (国际 单位)
				消化能 (兆焦)	代谢能 (兆焦)					
育成公羊										
80	290	2.8	1.80	32.66	26.80	268	8.5	4.6	3 760	28
100	250	3.0	1.90	35.17	28.89	264	8.2	4.8	4 700	30
育肥幼羊										
30	295	1.3	0.94	17.17	14.25	191	6.6	3.2	1 410	20
40	275	1.6	1.22	22.61	18.42	185	6.6	3.3	1 880	24
50	205	1.6	1.23	22.61	18.42	160	5.6	3.0	2 350	24

日粮中供给的各种营养素数量的规定。营养需要是指羊为了正常生长、健康和获得理想的生产成绩，在适宜的环境条件下，对各种营养物质数量的要求。

饲料中主要营养有：①碳水化合物和脂肪，主要为羊提供生存和生产必需的能量；②蛋白质，是羊生长和组织修复的主要原料，也提供部分能量；③矿物质、维生素和水，调节羊的生理机能，保障营养物质和代谢产物的传递。

1. 维持营养需要

羊处于维持状态时，对能量的需要与体表面积、活动程度有关。体重越大、活动程度越大的羊只，维持所需的能量越高。放牧比舍饲要多消耗能量10% ~ 70%。维持需要的能量一般占总需要量的70%左右。

2. 生长营养需要

（1）从出生到1.5岁，是羊的生长发育时期，肌肉、骨骼和各器官组织的发育最快，需要沉积大量的蛋白质和矿物质，尤其是初生至8月龄，是羊出生后生长发育最快的阶段，对营养的需要量高。

（2）在哺乳期，一般日增重可达 200～300 克，要求饲料和蛋白质的数量足、质量好。

（3）断奶到 8 月龄前，在一定的补饲条件下，日增重可保持在 150～200 克。

（4）羊整个生长发育阶段，各组织和各部位的生长强度不一致，蛋白质和脂肪的沉积量是不一样的。一般是先长骨架，次长肌肉，最后增长脂肪。先长头、肢、皮肤和高度，后长躯干部的胸腔、骨盆和腰部，使体格粗壮。体重在 10 千克时，蛋白质的沉积量可占增重的35%；体重在 50～60 千克时，该比例下降为 10% 左右，脂肪沉积的比例明显上升。

不同月龄育成羊每增重 100 克的饲养标准见表 5-2，育成公羊的饲养标准见表 5-3。

表 5-2　不同月龄的育成羊每增重 100 克的营养标准

月龄	消化能（兆焦）	可消化粗蛋白质（克）
4～6	3.22	33
6～8	3.89	36
8～10	4.27	36
10～12	4.90	40
12～18	5.94	46

表 5-3　育成公羊的饲养标准

月龄	体重（千克）	风干饲料（千克）	消化能（兆焦）	可消化粗蛋白质（克）	钙（克）	磷（克）	食盐（克）	胡萝卜素（毫克）
4～6	30～40	1.4	14.6～16.7	90～100	4.0～5.0	2.5～3.8	6～12	5～10
6～8	37～42	1.6	16.7～18.8	95～115	5.0～6.3	3.0～4.0	6～12	5～10
8～10	42～48	1.8	16.7～20.9	100～125	5.5～6.5	3.5～4.3	6～12	5～10
10～12	46～53	2.0	20.1～23.0	110～135	6.0～7.0	4.0～4.5	6～12	5～10
12～18	53～70	2.2	20.1～23.4	120～140	6.5～7.2	4.5～5.0	6～12	5～10

3.繁殖营养需要

羊的繁殖可分为配种前期、配种期和妊娠期三个阶段，每一个阶段的生理特点和营养要求各不相同。

▶ 种公羊的营养需要

种公羊的营养需要见表5-4至表5-6。

表5-4　种公羊的饲养标准

	体重（千克）	风干饲料（千克）	消化能（兆焦）	可消化粗蛋白质（克）	钙（克）	磷（克）	食盐（克）	胡萝卜素（毫克）
非配种期	70	1.8~2.1	16.7~20.5	110~140	5~6	2.5~3	10~15	15~20
	80	1.9~2.2	18.0~21.8	120~150	6~7	3~4	10~15	15~20
	90	2.0~2.4	19.2~23.0	130~160	7~8	4~5	10~15	15~20
	100	2.1~2.5	20.5~25.1	140~170	8~9	5~6	10~15	15~20
配种期（配种2~3次）	70	2.2~2.6	23.0~27.2	190~240	9~10	7~7.5	15~20	20~30
	80	2.3~2.7	24.3~29.3	200~250	9~11	7.5~8	15~20	20~30
	90	2.4~2.8	25.9~31.0	210~260	10~12	8~9	15~20	20~30
	100	2.5~3.0	26.8~31.8	220~270	11~13	8.5~9.5	15~20	20~30
配种期（配种4~5次）	70	2.4~2.8	25.9~31.0	260~370	13~14	9~10	15~20	30~40
	80	2.6~3.0	28.5~33.5	280~380	14~15	10~11	15~20	30~40
	90	2.7~3.1	29.7~34.7	290~390	15~16	11~12	15~20	30~40
	100	2.8~3.2	31.0~36.0	310~400	16~17	12~13	15~20	30~40

表5-5　种公山羊非配种期的饲养标准

体重（千克）	净能（兆焦/日）	可消化粗蛋白质（克/日）	钙（克/日）	磷（克/日）	食盐（克/日）
55	4.74	80	8	4	12
65	5.89	100	8	4	12
75	7.11	120	9	5	12
85	8.28	140	9	5	12
95	9.45	160	10	5	12
105	10.66	180	10	6	12
115	11.83	200	11	6	12
125	13.00	220	11	6	12

表5-6　种公山羊配种期的饲养标准（日采精2～3次）

体重 （千克）	净能 （兆焦/日）	可消化粗蛋白 质（克/日）	钙 （克/日）	磷 （克/日）	食盐 （克/日）
55	8.86	160	9	6	15
65	9.45	180	9	6	15
75	10.03	200	10	7	15
85	10.66	220	10	7	15
95	11.24	240	11	8	15
105	11.83	260	11	8	15
115	13.00	280	12	9	15
125	14.21	300	12	9	15

繁殖母羊的营养需要

在妊娠后期，应增加30%～40%能量和40%～50%蛋白质。因为妊娠后期（妊娠后2个月），是胎儿和母羊本身增重加快的关键时期，母羊增重的60%和胎儿贮存蛋白质的80%均在这个时期完成，母羊的代谢能比空怀期高15%～20%，相关饲养标准见表5-7至表5-10。

表5-7　育成及空怀母羊饲养标准

月龄	体重 （千克）	风干饲料 （千克）	消化能 （兆焦）	可消化粗蛋 白质（克）	钙 （克）	磷 （克）	食盐 （克）	胡萝卜素 （毫克）
4～6	25～30	1.2	10.9～13.4	70～90	3.0～4.0	2.0～3.0	5～8	5～8
6～8	30～36	1.3	12.6～14.6	72～95	4.0～5.2	2.8～3.2	6～9	6～8
8～10	36～42	1.4	14.6～16.7	73～95	4.5～5.5	3.0～3.5	7～10	6～8
10～12	37～45	1.5	14.6～17.2	75～100	5.2～6.0	3.2～3.6	8～11	7～9
12～18	42～50	1.6	14.6～17.2	75～95	5.5～6.5	3.2～3.6	8～11	7～9

表 5-8　怀孕母羊的饲养标准

	体重（千克）	风干饲料（千克）	消化能（兆焦）	可消化粗蛋白质（克）	钙（克）	磷（克）	食盐（克）	胡萝卜素（毫克）
怀孕前期	40	1.6	12.6～15.9	70～80	3.0～4.0	2.0～2.5	8～10	8～10
	50	1.8	14.2～17.6	75～90	3.2～4.5	2.5～3.2	8～10	8～10
	60	2.0	15.9～18.4	80～95	4.0～5.0	3.0～4.0	8～10	8～10
	70	2.2	16.7～19.2	85～100	4.5～5.5	3.8～4.5	8～10	8～10
怀孕后期	40	1.8	15.1～18.8	80～110	6.0～7.0	3.5～4.0	8～10	10～12
	50	2.0	18.4～21.3	90～120	7.0～8.0	4.0～4.5	8～10	10～12
	60	2.2	20.1～21.8	95～130	8.0～9.0	4.0～5.0	9～10	10～12
	70	2.4	21.8～23.4	100～140	8.5～9.5	4.5～5.5	9～10	10～12

表 5-9　哺乳母羊的饲养标准

体重（千克）	风干饲料（千克）	消化能（兆焦）	可消化粗蛋白质（克）	钙（克）	磷（克）	食盐（克）	胡萝卜素（毫克）
单羔和保证羔羊日增重200～250克							
40	2.0	18.0～23.4	100～150	7.0～8.0	4.0～5.0	10～12	6～8
50	2.2	19.2～24.7	110～190	7.5～8.5	4.5～5.5	12～14	8～10
60	2.4	23.4～25.9	120～200	8.0～9.0	4.6～5.6	13～15	8～12
70	2.6	24.3～27.2	120～200	8.5～9.5	4.8～5.8	13～15	9～15
双羔和保证羔羊日增重300～400克							
40	2.8	21.8～28.5	150～200	8.0～10.0	5.5～6.0	13～15	8～10
50	3.0	23.4～29.7	180～220	9.0～11.0	6.0～6.5	14～16	9～12
60	3.0	24.7～31.0	190～230	9.5～11.5	6.0～7.0	15～17	10～13
70	3.2	25.9～33.5	200～240	10.0～12.0	6.2～7.5	15～17	12～15

表 5-10　妊娠奶山羊的饲养标准

日增重（克）	净能（兆焦/日）	粗蛋白质（克/日）	可消化粗蛋白质（克/日）	钙（克/日）	磷（克/日）
40	7.91	121	85	9.0	3.5
50	8.62	147	103	9.5	4.0
60	10.00	171	120	10.0	4.5
70	10.08	197	138	10.5	5.0
80	10.79	221	155	11.0	5.0

4. 育肥营养需要

见表 5-11 至表 5-13。

①羊育肥就是要提高羊的产肉性能，增加羊体肌肉和脂肪，改善胴体品质。肌肉主要由蛋白质构成，增加的脂肪主要蓄积在皮下、内脏和肌肉间。

表 5-11　羔羊育肥和成年羊育肥比较

育肥[①]对象	育肥过程	育肥结果	营 养 需 要		
			能量	蛋白质	矿物质和维生素
羔羊	生长和育肥	增加肌肉为主	增加	比维持需要增加 1 倍以上	与育成羊的相似
成年羊	育肥	增加脂肪为主	增加	比维持需要略高	与维持的相似

表 5-12　育肥羔羊的饲养标准

月龄	体重（千克）	风干饲料（千克）	消化能（兆焦）	可消化粗蛋白质（克）	钙（克）	磷（克）	食盐（克）	胡萝卜素（毫克）
3	25	1.2	10.5～14.6	80～100	1.5～2	0.6～1	3～5	2～4
4	30	1.4	14.6～16.7	90～150	2～3	1～2	4～8	3～5
5	40	1.7	16.7～18.8	90～140	3～4	2～3	5～9	4～8
6	45	1.8	18.8～20.9	90～130	4～5	3～4	6～9	5～8

表 5-13　成年育肥羊的饲养标准

体重（千克）	风干饲料（千克）	消化能（兆焦）	可消化粗蛋白质（克）	钙（克）	磷（克）	食盐（克）	胡萝卜素（毫克）
40	1.5	15.9～19.2	90～100	3～4	2.0～2.5	5～10	5～10
50	1.8	16.7～23.0	100～120	4～5	2.5～3.0	5～10	5～10
60	2.0	20.9～27.2	110～130	5～6	2.8～3.5	5～10	5～10
70	2.2	23.0～29.3	120～140	6～7	3.0～4.0	5～10	5～10
80	2.4	27.2～33.5	130～160	7～8	3.5～4.5	5～10	5～10

5. 产乳营养需要

羊奶中的酪蛋白、白蛋白、乳糖和乳脂等营养成分，都是饲料中原本不存在的，必须经过乳房合成。要母羊合成更多的羊奶、延长泌乳期，必须给予充足的能量、蛋白质、矿物质及维生素等，充分满足营养需要。同时考虑日粮的适口性、精粗比、物理状态、饲料价格、饲喂的次数和方法等，相关饲养标准见表 5-14 和表 5-15。

表 5-14　产 1 千克不同乳脂率奶的泌乳山羊的饲养标准

含脂率（%）	净能（兆焦/日）	可消化粗蛋白质（克/日）	钙（克/日）	磷（克/日）
2.5	2.84	42	2	1.4
3.0	2.84	45	2	1.4
3.5	2.88	48	2	1.4
4.0	2.93	51	3	2.1
4.5	2.97	54	3	2.1
5.0	3.01	57	3	2.1
5.5	3.05	60	3	2.1
6.0	3.09	63	3	2.1

表 5-15　产 3.5% 乳脂率的不同奶量的泌乳山羊的饲养标准（包括维持需要）

体重（千克）	奶量（千克）	净能（兆焦/日）	粗蛋白质（克/日）	钙（克/日）	磷（克/日）
40	1	7.36	88	7.5	4.0
	2	10.32	144	11.5	5.5
	3	13.25	202	15.0	7.0
	4	16.18	258	18.5	8.0
	5	19.14	314	22.0	9.5
	6	22.07	370	25.5	11.0
50	1	8.10	96	8.0	4.5
	2	11.04	152	12.0	6.0
	3	13.46	210	15.5	7.5
	4	16.93	266	19.0	8.5
	5	19.86	322	22.5	10.0
	6	22.78	378	26.0	11.5
60	1	8.82	104	8.5	5.0
	2	11.70	160	12.5	6.5
	3	14.71	216	16.0	8.0

（二）羊的饲草饲料

目标
- 了解羊的饲料种类及其注意事项
- 了解几种高营养饲草的特点
- 了解并掌握饲料的加工调制方法

饲料是各种营养物质的载体，它几乎含有羊所需的所有营养物质。但是，绝大多数单一饲草饲料所含有各种营养素的数量和比例均不能满足羊的全部营养需要。要合理饲喂羊只，提高养羊生产效益，必须做到饲草饲料多样化。

1. 羊常用饲料

（1）饲料种类　见图5-2。

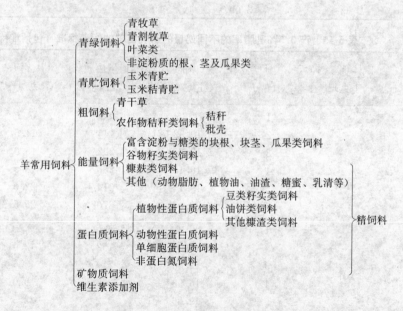

图5-2　羊常用饲料种类

（2）饲喂时的注意事项　见表5-16。

表 5-16　饲喂各类饲料应注意的问题

饲料种类	注意事项	存在问题
玉米苗、高粱苗、亚麻叶等	晒干或制成青贮饲料	含有氰苷，羊采食后在瘤胃内会生成氢氰酸发生中毒
萝卜叶、白菜叶等	堆放时间不宜过长	含有硝酸盐，腐败菌能把硝酸盐还原成为亚硝酸盐而引起羊中毒
沙打旺等	与其他青草或秸秆类饲料混合饲喂	有苦味，适口性较差
优良青绿饲料	舍饲时，在生长期可以是唯一的饲料来源，在育肥后期需要补充谷物、饼粕类能量饲料和蛋白质饲料	干物质少，能量相对较低
除叶片外的其他部分	喂羊时要注意钙的添加	钙、磷多集中在叶片内
青贮饲料	喂量不能太多，应与其他饲料混合使用。对于初次饲喂的羊，开始时少喂勤添，以后逐渐增加喂量	水分含量高，能量物质含量不足
秸秆	喂前应粉碎，并与精料、多汁饲料混用	体积大，营养价值较低
棉子壳	不能过量	含有棉酚，易引起中毒
酒糟	不宜长期大量饲喂	残存乙醇、游离乳酸等，可引起乙醇中毒
谷实类饲料	与青饲料、粗饲料、矿物质饲料及蛋白质饲料搭配饲喂	能值高，但维生素含量不平衡，粗蛋白含量较低，品质差，必需氨基酸不平衡，尤其赖氨酸和色氨酸缺乏，而且粗灰分含量低
糠麸类饲料	不宜超过 30%	含有较多的脂肪，过量易引起腹泻
豆粕	饲喂时经 110℃ 左右温度热处理	含抗营养因子较多，适口性较差；过度加热会降低必需氨基酸的有效性

（续）

饲料种类	注 意 事 项	存 在 问 题
菜子饼粕	羔羊和怀孕羊最好不喂，一般羊喂量稍多些，但要同其他饲料配合使用	含有硫葡萄甙类化合物，在榨油压饼时经芥子酶水解成噁唑烷硫酮、异硫氰酸酯、腈及丙烯腈等有毒物质，使其具有辛辣味，可引起甲状腺肿大。此外，含有单宁、芥子碱、皂角苷等，影响适口性和蛋白质利用效果

2.高营养饲草

在畜牧业生产中，如何解决对蛋白质饲料日益增长的需求，最重要且最经济的途径之一是开发青绿饲料资源——高营养饲草（表5-17）。

表5-17　四种优质高营养饲草对比

名称	别名	原产地	植物生长生产特点	营 养 价 值					
				粗蛋白质（%）	粗脂肪（%）	粗纤维（%）	无氮浸出物（%）	粗灰分（%）	热能（焦/千克）
饲用玉米	墨西哥玉米	墨西哥	一年生禾本科植物，每年3~6月均可播种，用种1 500克/公顷，株高3米，株、行距100厘米×100厘米，分蘖60~70个/株，每月可割一次，产草量30万~45万千克/公顷以上	13.8	2	30	31.6	8.6	3 546
蛋白草	籽粒苋	美国	一年生草苋科植物，每年3~8月均可播种，用种1 200克/公顷，株高3米，株、行距40厘米×40厘米，一年割4~6次，产草量30万~60万千克/公顷以上	21~28	1.6	12	35~45	2.1~19.1	3 700

（续）

名称	别名	原产地	植物生长生产特点	营养价值[①]					
				粗蛋白质（%）	粗脂肪（%）	粗纤维（%）	无氮浸出物（%）	粗灰分（%）	热能（焦/千克）
油苋草	皱果苋	缅甸	草本苋科植物，用种750克/公顷，株高2米，株、行距20厘米×20厘米，生长期60～70天，一次收割，产草量15万千克/公顷	22.78	1.7	15.3	40	10	3 552
氨基酸草	齿缘苦荬菜	中国	一年生草本菊科，每年3～8月均可播种，用种750克/公顷，株高2米，株、行距20厘米×20厘米，一年割4～6次，产草量30万千克/公顷	29.8	5.16	10	42	10	2 882

3. 饲料的加工调制

饲料进行科学的加工，可以：

◆ 改变原先饲料的体积和理化性质。

◆ 改变饲料的化学组成，消除饲料原料中原有的有毒、有害物质。

◆ 提高饲料的营养价值和饲料转化率。

◆ 改善适口性，便于动物采食，减少浪费。

◆ 有利于开辟饲料来源，使许多原来不能利用的农副产品和野生动、植物通过加工而变成羊的新的饲料原料。

（1）子实类饲料的加工调制

▶ **物理方法**

见表5-18。

①产量高，营养丰富，单位面积的有效光合作用产物高于谷类作物，干物质的产量是小麦的5倍，蛋白质含量占干物质量的15%～20%，必需氨基酸齐全，生物学价值高于谷物的蛋白质，含丰富的各种维生素、矿物质以及其他的生长激素。适口性好，消化率高，对促进畜禽生长发育，提高畜产品质量和产量均有重要作用。

表 5-18　饲料加工调制物理方法比较

方法	优点	缺点	注意事项
粉碎[①]	方法简单，成本较低，利用率提高。表面积加大，提高适口性和羊唾液分泌量，增加反刍，有利于与消化液充分接触，使饲料充分浸润，而利于咀嚼	采食时浪费较多。粉得过细，适口性降低，唾液混合和咀嚼不良，不利于消化	羊饲料的粉碎度一般在 2 毫米左右，呈绿豆粒大小；含脂量高的玉米、燕麦等一次粉碎不宜过多
压扁[②]	改变精料中的营养物质结构，如淀粉糊化、纤维素松软化，提高饲料消化率	不能增加饲料的营养价值	
制粒[③]	改善饲料的适口性，增加动物采食量；减少饲料损失浪费；破坏了部分有毒有害物质，避免运输过程中不同比重的原料分级现象，特别是微量元素的分级，从而增加了饲料的安全性；增加了饲料密度，降低了灰尘；饲喂方便，有利于机械化饲养	加工费用高，加工过程中部分维生素遭到破坏	

①是子实类饲料最普遍采用的、最简单的一种加工调制方法。整粒子实及大颗粒的豆饼、菜子饼类等在饲用前都应经过粉碎。

②就是将玉米、大麦、高粱等谷物籽实去皮（喂牛可不去皮）并加入水，经120℃左右的蒸汽加热软化，再用压扁机压成 1 毫米厚的薄片，迅速干燥冷却而成。

③将饲料颗粒化，就是将饲料粉碎后，根据羊的营养需要，按一定的配合比例搭配，混匀后，用饲料压缩机（颗粒机）加工压制成不同大小、粒度和硬度的颗粒，直接用来喂羊。

（续）

方法	优点	缺点	注意事项
浸泡①	减轻所含的单宁、棉酚等有毒物质和异味，提高适口性。容易咀嚼，便于消化	去毒时，饲料中的水溶性营养物质易溶解于水而流失	蛋白含量较高的豆类，在夏天不易浸泡，以免引起饲料霉变。用水量随浸泡饲料的目的不同而异，如以泡软为目的，通常料：水＝1：1～1.5，即手握指缝渗出水滴为准，不需任何温度条件，饲喂前不需脱水可直接饲喂；若想溶去有毒物质，料：水＝1：2左右，饲喂前应滤去未被饲料吸收的水分
蒸煮或高压蒸煮	提高豆类籽实消化率、适口性和营养价值	降低禾本科子实的消化率	对蛋白质含量高的饲料，加热时间不易过长，一般130℃时不超过20分钟，否则，温度过高、时间过长会引起蛋白质变性，降低消化性，破坏维生素等不良作用

①多用于坚硬的子实或油饼的软化，或用于溶去饲料原料中的有毒有害物质。

（续）

方法	优点	缺点	注意事项
焙炒	含淀粉较多的禾本科谷类子实，经130～150℃，短时间的高温焙炒，可使部分淀粉糖化，转化为糊精而产生香味，适口性提高，同时也易于消化。破坏了某些有害物质和部分细菌的活性	破坏了某些蛋白质和维生素	
辐射	消除动物性饲料中的病原菌和霉菌，改善饲料品质，扩大饲料资源。对饲料成份影响小	设置照射厂的成本相当高，处理费用也较高	在照射饲料时，采用能杀灭沙门氏菌和大肠杆菌等病原菌的剂量即可，且饲料最好为粉状

▶ 生物调制法

①发芽① 在初萌芽而尚未盘根前，每天翻动1～2次。发芽所需时间视温度高低和需要芽长而定。一般经过6～7天，芽长3～6厘米时即可饲喂家畜。3厘米左右的短芽富含各种酶，可用作消化剂和制作糖化饲料。6厘米左右的长芽为绿色，可作为冬春季节种公畜、家畜及幼畜的维生素补充料。制作流程见图5-3。

①通过酶的作用将淀粉转化为糖，并产生胡萝卜素及其他维生素的过程。发芽子实可作为维生素补充料。对于种羊和泌乳羊，尤其在冬春季节缺乏青饲料的情况下，为了使日粮具有青饲料的特性，可适当使用发芽饲料。

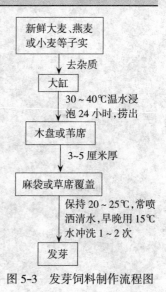

图 5-3 发芽饲料制作流程图

②糖化富含淀粉的谷物饲料粉碎后，经过饲料本身淀粉酶的作用，其中一部分淀粉转变为麦芽糖，饲料具有酸、甜、香味，改善了适口性，能增进食欲，提高采食量和消化率。糖化饲料存放时间不要超过 10～14 小时，否则，易酸败变质。蛋白质含量高的豆类子实和饼类等不易糖化。制作流程见图5-4。

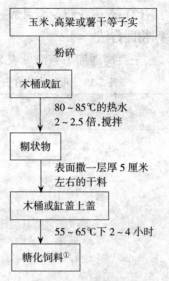

图 5-4　糖化饲料制作流程图

③发酵利用酵母菌等菌种的作用，增加饲料中维生素 B 类、各种酶及酸和醇等芳香性物质，从而提高饲料的适口性和营养价值。发酵的关键是满足酵母菌等菌种活动所需要的各种环境条件，供给充足的碳水化合物。制作流程见图5-5。

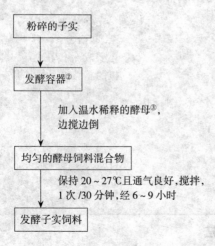

图 5-5　子实饲料发酵制作流程图

①含糖量增加到 8%～12%。

②饲料厚度最好在 30 厘米左右。

③每 100 千克原料加酵母 0.5～1.0 千克，用 150～200 千克的温水（30～40℃）稀释。

（2）青饲料的加工调制

物理方法

主要物理加工方法见表5-19。

表 5-19　几种物理方法加工调制青饲料的比较

方　法	原料要求	操　　作	备　注
切碎	较粗、老的青草、藤蔓和大的根茎类饲料	喂前要洗净切碎，切碎长度：2～4厘米（马、羊等）；1～2厘米（猪）	
浸泡和焖泡	带有苦味、涩味、辣味或其他怪味的青饲料；带刺的、有寄生虫卵的水生饲料	饲喂前，要用冷水浸泡或热水焖泡4～6小时，再与其他饲料混匀饲喂	
蒸煮	含毒（如马铃薯的块茎及秧蔓）或草酸含量高（如野菜类）的青饲料	喂前必须煮沸10～15分钟或在开水中汆一下	
制浆	带毛刺的青绿饲料	先除去原料中的杂质，洗净，有些还要粉碎。在打浆机的槽内放一些清水，机器开动运转后，再将青饲料徐徐放入机槽内打浆。为增加草浆浓度，可滤去一部分水分。滤出的水浆要循环使用，避免养分流失	青饲料浆可生喂、熟喂或发酵后喂，也可与精料或干粗饲料粉混喂

发酵方法

发酵法调制青饲料见表5-20。

表 5-20　几种发酵方法加工调制青饲料的比较

方法	操　作	注意事项
加水发酵（自然发酵）	①饲料洗净，切碎至 3 厘米长；②混匀装入缸内，每层 13～16 厘米厚，踩实；③装至离缸口 33 厘米左右时，盖上床垫或木板，用石头压紧，最后加满清水；④经 3～4 天发酵，即可取用	发酵容器放在向阳温暖处，保持水面高于草面 10 厘米左右。多在夏、秋季气温较高时采用
煮熟发酵	①同上；②煮至七、八成熟，然后按一层熟料一层生料逐层装入缸内，层层踩实；③同上；④在室内温暖的地方发酵 5～7 天即可	适宜冬季室内进行
混合发酵	每 100 千克青饲料配合 15～30 千克糠麸、玉米轴粉或豆腐渣等。在缸内每装 12～15 厘米厚的青饲料，撒上 9～18 厘米厚的糠麸等粉料。其他步骤同前。经 3～4 天发酵即可	
酒曲发酵	先将干粗饲料切碎，按 3∶1 与切细的青饲料混合。每 100 千克混合料配备酒曲、糠麸混合物（酒曲 300～400 克，糠麸 10～15 千克），然后先在缸内装 13～16 厘米厚的混合饲料，再均匀地撒 3 厘米厚的酒曲与糠麸的混合物。层层装紧压实。装满后要严格密封，4～5 天即发酵成熟	开缸时，将表层弃去，上下翻动，混匀后饲喂

（3）苜蓿茎叶分离技术　苜蓿以"牧草之王"著称，不仅产量高，而且草质优良，各种畜禽均喜食。我国目前苜蓿的种植面积非常大，仅北方地区种植面积就有 8 万多公顷。为克服苜蓿干制过程中的落叶损失，可采用茎叶分离的加工技术。将茎叶分离后，叶作为单胃动物的蛋白质、维生素饲料，而茎可作为反刍动物的粗饲料或作为半干青贮的原料。以紫花苜蓿为例，加工工艺见图 5-6。

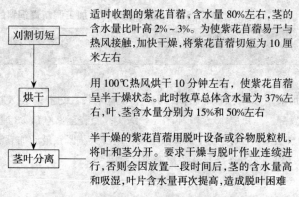

图 5-6　苜蓿茎叶分离技术工艺流程图

① 碳水化合物是乳酸菌繁殖的主要养分来源。青贮原料中糖分充足，乳酸菌就能很快产生大量乳酸，原料酸度快速提高，抑制有害微生物活动。糖分不足，乳酸菌生长繁殖缓慢，有害微生物活跃，会引起青贮料的霉烂变质。

② 指两种或两种以上青贮原料混合制作的青贮。如将水分含量偏低（如披碱草、老芒麦）而糖分含量稍高的禾本科牧草与水分含量稍高的豆科牧草（如苜蓿、三叶草）混合青贮；将高水分青贮原料（如甜菜叶、白菜叶、水生饲料、甘薯秧、糟渣）与干饲料混合青贮。

（4）青贮　青贮是将新鲜的青绿饲料装入青贮塔、青贮窖或其他密闭的青贮设备（或容器）内，经过微生物的发酵作用，使原料发生一系列物理的、化学的、生物的变化，形成一种多汁、耐贮、适口性好、营养价值高、可供全年饲喂的饲料，达到长期保存青绿饲料营养的一种简单、可靠、经济的青绿饲料处理技术。因此青贮是提高饲草利用价值、扩大饲料来源和调整饲草长年均衡供应的一种经济有效的措施，也是冬季或舍饲养羊的主要饲料之一。

原料的选择

（1）适宜的含糖量　青贮原料的含糖量①只有达到不低于青贮原料鲜重的 1.0%~1.5%（青贮中以干物质计含糖量不应少于 10%~15%）时，才能取得良好的青贮效果。

玉米秸秆、高粱秸秆、青草、甘薯藤蔓、甜菜、白菜等，是较为优良的青贮原料。豆科饲料作物如苜蓿、苕子、三叶草、草木樨、蚕豆和青割大豆等，含糖量或可溶性碳水化合物较少，而且粗蛋白质的含量较多，为不易青贮的原料，最好与禾本科植物混合青贮②（以1:1.3 为宜），或收割后晒至含水量 45%~55%，成半干青草时再青贮，效果较好，营养更全面。常用青贮原料适宜收割期见表 5-21。

(2) 适宜的含水量[①] 乳酸菌繁殖活动，要求最适宜的含水量为65%~75%。但青贮原料适宜含水量因质地不同而有差别。质地粗硬的原料要达到 78%~82%，幼嫩多汁柔软的原料，含水量低一些，以 60%为宜。青贮原料水分含量判断方法见表 5-22。

按原料含水量高低，可划分为：

◆ 高水分青贮：含水量 70%以上，一般是直接收割并贮存的青贮。

①含水量过高时，易造成糖分和汁液的过度稀释，或在青贮压紧时而流失，不能保证乳酸菌的生长繁殖，导致青贮原料霉烂变质。如水分不足，则不易压紧，植物细胞呼吸和好气菌活动持续时间长，会形成"热青贮料"或"霉青贮料"。

表 5-21 常用青贮原料适宜收割期

青贮原料种类	适宜收割期	含水量(%)
全株玉米（带果穗）	乳熟期	65
收玉米后秸秆	果粒成熟立即收割	50～60
豆科牧草及野稗	现蕾期至开花初期	70～80
禾本科牧草	孕穗期至抽穗期	70～80
甘薯藤	霜前或收薯期 1～2 天	86
马铃薯茎叶	收薯期 1～2 天	80
三水饲料	霜前	90

表 5-22 青贮原料水分含量的判断方法

方法	适用范围	判 断 标 准
拧扭法	整株原料	◆ 茎秆拧弯曲而不折断，水分适宜 ◆ 有汁液滴下，手握时水珠自手指缝流出，含水率必定大于 75% ◆ 牧草已开始折断，则含水率低于 55%
手握法	切碎原料	◆ 攥紧原料 1 分钟，然后慢慢松开，若草球展开缓慢，能保持其形状而无汁水，手心亦湿润见水而不滴水，说明水分合适，含水率为 70%～75% ◆ 草球有弹性且慢慢散开，则含水率为 55%～65% ◆ 草球立即散开，则含水率为 55%左右

◆ 萎蔫青贮：含水量 60%~70%，是将收割下的牧草或饲料作物在田间经适当晾晒（数小时至数十小时，视天气情况而定）后，再捡拾、切碎、入窖青贮。

◆ 半干青贮（低水分青贮）：是将牧草割下在田间晾晒至含水量 45%~55%，然后捡拾、切碎、压实贮存。优质的半干青贮呈湿润状态，深绿色，有清香味，结构完好。

温度条件

最适温度是 25 ~ 30℃，温度过高或过低，都会妨碍乳酸菌的生长繁殖，影响青贮质量。

青贮添加剂

为了保证青贮饲料的质量，提高青贮饲料的应用价值，促进青贮过程中乳酸菌更好地发酵，抑制有害微生物，在掌握原料水分、糖分、淀粉、粗蛋白等含量和原料重量的情况下，可根据生产实际在调制过程中适当使用添加剂。常用的青贮饲料添加剂有微生物、酸类、防腐剂和营养性物质等（表 5-23）。

表 5-23　常用青贮添加剂的用法用量及作用

添加剂种类	用　量	使用方法	作　用
尿素	青贮原料重量的 0.3%~0.5%	原料水分大时，用尿素干粉均匀、分层撒入；原料水分小时，先将尿素溶解于水中，再用尿素水溶液向原料中均匀喷洒	增加粗蛋白质含量，抑制好氧微生物的生长，而对反刍家畜的食欲和消化机能无不良影响

（续）

添加剂种类	用 量	使用方法	作 用
甲酸	青贮原料重量的 1%～2%	同时添加甲酸和甲醛（1.5% 的甲酸和 1.5%～2% 的甲醛）效果更好。用此法青贮含水量多的幼嫩植株茎叶效果最好	抑制芽孢杆菌及革兰氏阳性菌的活动，减少饲料营养损失。如能使青贮饲料中 70% 左右的糖分保存下来，使粗蛋白质损失率减少为 0.3%～0.5%。青贮饲料颜色鲜绿，香味浓，用其饲喂羊，日增重有显著提高
蚁酸	0.23%～0.5%		有效保护饲料中的蛋白质和能量，提高适口性和消化率
食盐	青贮原料重量的 0.2%～1.0%	常与尿素混合使用，使用方法与尿素相同	原料水分含量低、质地粗硬时添加，可促进细胞渗出液汁，有利于乳酸菌发酵；还可以破坏某些毒素，提高饲料适口性
丙酸	青贮原料重量的 0.5%～1.0%	品质较差的青贮饲料中加入。如同时添加甲酸和丙酸，青贮效果就更好。一般每吨青贮饲料需添加 5 千克甲酸、丙酸混合物（甲酸、丙酸比为 30∶70）	对霉菌有较好的抑制作用，减少氨氮的形成，降低青贮饲料的温度，促进乳酸菌的生长。可防止上层青贮饲料的腐败

（续）

添加剂种类	用量	使用方法	作用
无水氨液	含干物质30％青贮玉米中，按0.3％～0.5％的量加入		提高粗蛋白质的含量，还能有效防止青贮饲料的二次发酵
糖蜜	1％～3％	在含糖量少的青贮原料中添加	增加可溶性糖含量，有利于乳酸菌发酵
尿素和硫酸铵混合物	0.3％～0.5％		青贮后，每千克可增加可消化蛋白质8～11克
甲醛	青贮料的0.2％～0.5％添加5％的甲醛液		抑制青贮过程中各种微生物的活动，显著降低青贮料中的氨态氮和总乳酸量，提高饲料消化率，减少干物质损失，仅损失5％～7％
酶制剂①	青贮原料重量的0.01％～0.25％		使饲料部分多糖水解成单糖，有利于乳酸发酵；减少养分的损失
乳酸菌培养物	0.5千克/1 000千克青贮原料		促进乳酸菌的繁殖，抑制其他有害微生物
乳酸菌制剂	450克/1 000千克青贮原料		促进乳酸菌的繁殖，抑制其他有害微生物

①酶制剂由胜曲霉、黑曲霉、米曲霉等浅层培养物浓缩而成，主要含淀粉酶、糊精酶、纤维素酶、半纤维素酶等。

▶ 制作技术

下面以青贮窖[①]青贮为例简单介绍青贮制作的主要技术环节（图5-7）。

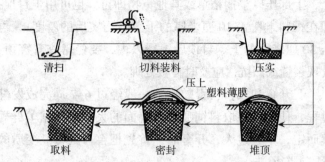

图 5-7　青贮制作步骤流程图

（引自黄功俊等《肉山羊圈养技术》，2001）

①切碎：不同青贮原料切碎长度见表5-24。

表5-24　青贮原料切碎长度

青贮原料种类	切碎长度（毫米）	备　注
高水分牧草青贮	6.5～25	
半干牧草青贮	6.5左右	粗硬青贮原料应切得更短，细软青贮原料可切得稍长些
玉米青贮[②]	6.5～13	
茎秆柔软的禾本科牧草	30～40	
苜蓿、三叶草等豆科牧草	30～40	
沙打旺、红豆草等茎秆较粗硬的牧草	10～20	

②装料和压实：装料时要边装边压实[③]，通常装一层，厚30厘米，一直至装满。在装窖过程中，如果原料偏干（含水量在65%以下），还应适当洒水；要注意窖的四周及拐角，边填边踩实；禾本科与豆科饲料混贮时，要注意混合均匀。

③堆顶：窖装满后，顶部必须装成拱形（圆窖装成

①结构简单，投资少，适宜农村应用。永久窖适宜采用砖、石、水泥结构。窖的大小可根据青贮原料来源、饲养动物数量及饲喂期进行计算，一般每立方米青贮鲜料1 500千克左右。

②指专门用于青贮的玉米品种在蜡熟期收割，茎、叶、果穗一起切碎调制的青贮饲料。其营养价值高，含粗蛋白质30克/千克，其中可消化蛋白质12.04克/千克；糖分、维生素、矿物质含量丰富，具有酸甜、清香味，酸度适中（pH4.2），羊喜欢采食。每千克相当于0.4千克优质干草。

③目的是排除空气，创造适宜的厌氧环境，促进乳酸菌迅速繁殖，抑制需氧菌的生长繁殖。

馒头形），要求高出窖沿 1 米左右，以防因饲料下沉造成凹陷裂缝，使雨水流入窖内。

④密封：可用双层无毒塑料薄膜覆盖窖顶，四周压严，上部压以整捆稻草或其他重物即可。也可用土封顶，即在饲料上覆盖 10 厘米厚的干草（压实后的厚度），再压 30 厘米厚的土。封顶后 1 周以内，要经常查看窖顶，发现裂缝或凹坑，应及时补救处理。

⑤开窖和取料：青贮作物一般经过 6~7 周完成发酵过程，便可开窖取料饲喂。开窖面的大小可根据羊群规模而定，不宜过大，开窖后，首先把窖口处霉烂变质的青贮饲料除去。

取料时，圆形窖每天取一层，长方形窖则从一端开窖、上下垂直逐段取用，不要松动深层的饲料。每次取出量应以当天喂完为宜。每次取料后及时将口封严。为了保持青贮饲料新鲜卫生，有条件的还应在窖口搭一些活动凉棚，以免日晒雨淋，影响青贮料质量。

▶ **品质鉴定**

从青贮窖（塔、袋）的不同层次取样，先将表面 30 厘米左右的青贮料除去，然后用锋利的刀切一定的饲料块（切忌用手直接取样）。采样后要立即填补封严，以免空气混入使青贮饲料霉变损失。也可在制作青贮时，将搅拌的原料装入备好的 33 厘米×33 厘米的布口袋内，放在窖中央深 60 厘米的位置（如果是沟形窖，则放置在窖一端的中央），开窖后，将小口袋刨出即可。

①感官鉴定：生产中最常用的方法见表 5-25。

②实验室鉴定：主要检测 pH[①]、有机酸含量（表 5-26）、微生物种类和数量、营养物质含量及消化率等。

①用酸度计或石蕊试纸测定。pH 超过 4.2（半干青贮除外）说明青贮在发酵过程中，腐败菌、酪酸菌等活动较强烈。

表 5-25　青贮饲料感官鉴定标准

品质等级	颜色①	气味③	酸味	结构
优	青绿或黄绿色，有光泽，接近于原色	芳香酒糟味或山楂糕味	浓	湿润、紧密，茎叶花保持原状，轮廓清楚，叶脉和绒毛清晰可见，容易分离
中	黄褐色或暗绿色，光泽差	具有刺鼻酸味，芳香味轻	中等	茎叶花部分保持原状，柔软，水分稍多
劣	褐色②、灰黑色或深黑色	具有特殊刺鼻腐臭味或霉味	淡	质地软散，腐烂，污泥状，黏滑或干燥黏结成块

表 5-26　青贮饲料品质等级标准④

等级	乳酸（%）	醋酸（%）	酪酸（%）	pH
优质	1.2～1.5	0.7～0.8		4.0～4.2
中等	0.5～0.6	0.4～0.5		4.6～4.8
劣质	0.1～0.2	0.1～0.15	0.2～0.3	5.5～6.0

①因所用原料和调制方法的不同而有所差异。青贮前原料新鲜、嫩绿，制成的青贮料仍为绿色或黄绿色；所用原料是农副产品或收获时已部分发黄，则制成的青贮料是黄褐色。

②高温条件下青贮的饲料呈褐色。

③品质优良的青贮料，手摸后味道容易洗掉；品质不良的青贮料沾到手上的气味，一次不易洗掉。中等品质的青贮料不宜饲喂怀孕母羊；品质低劣的青贮料，只能做肥料。

④H.C 波波夫教授按有机酸含量提出的评定标准。

▶ 饲喂技术

①青贮饲料一经取出就应尽快饲喂。

②第一次饲喂时，有些动物可能不习惯。可将少量青贮饲料放在食槽底部，上面盖一些精饲料，等动物慢慢习惯后，再逐渐增加饲喂量。

①将牧草、细茎饲料作物及其他饲用植物在量、质兼优时期刈割，经自然或人工干燥调制而成的能够长期贮存的青绿饲草。因仍保持一定的青绿颜色而得名。优质的青干草颜色青绿，叶量丰富，质地柔软，气味芳香，适口性好，并含有较多的蛋白质、维生素和矿物质，是草食家畜冬春季必不可少的饲草。

②牧草在生长发育过程中，各个时期的营养物质不断变化，含量不同。幼嫩时期，生长旺盛，水分含量较多，营养物质相对总产量低，生长后期，粗纤维的含量逐渐增加。均不是最佳收割时期。

③要及时清除饲槽中羊只没有吃完的青贮饲料，以免腐败。

④青贮料水分含量高，相对干物质、能量、蛋白质水平较低，需搭配一定的干草或精料饲喂，以满足羊的营养需要。

⑤青贮料有轻泻作用，不宜作为单一饲料饲喂。

（5）牧草饲料的加工调制 牧草可以直接放牧利用，也可以制成青干草或草粉贮藏利用，或者利用鲜牧草生产浓缩蛋白饲料，以其副产品草渣作为反刍动物的粗饲料，以其废液生产单细胞蛋白，这是牧草深加工和综合利用的一种有效途径。这里主要介绍青干草①的加工调制技术。

加工制作青干草，有利于：牧草贮藏；保存牧草作物原来的营养物质和较高的消化率及适口性。

影响青干草品质的因素很多，除牧草种类及品种的差异外，最重要的是牧草收割时期、干燥方法与干燥时间、外界条件及贮藏条件和技术等（图5-8）。

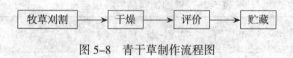

图5-8 青干草制作流程图

▶ 牧草适时刈割

为获得品质优良的青干草，不论采用何种加工方法与先进技术，都必须在牧草营养物质产量最高的时期进行刈割（表5-27）②。这是生产优质青干草的基本前提。

确定牧草适宜刈割期的一般原则是：

①以单位面积内营养物质产量最高的时期或以单位面积未消化养分（TDN）最高的时期为标准。

②有利于牧草的再生、多年生或越年生（二年生）牧草的安全越冬和返青，并对翌年的产量和寿命无影响。

表 5-27　几种主要牧草的适宜刈割期

牧草种类		适宜刈割期	备　注
禾本科	羊草	开花期	花期一般在 6 月末至 7 月底
	老芒草	开花期	
	无芒雀麦	抽穗期	
	披碱草　冰草	孕穗至抽穗期	
	黑麦草　鸭茅	抽穗至初花期	
	芦苇	孕穗前	
	针茅	抽穗至开花期	芒针形成以前
豆科	苜蓿　沙打旺　草木樨	现蕾至初花期	
	红豆草　三叶草　扁蓿豆	现蕾至开花期	最后一次刈割在霜前一个月
	毛苕子	盛花至结荚初期	
	山野豌豆	开花期	麦茬复种时在霜冻来临时刈割
	普通野豌豆	盛花至结荚初期	
	青刈大豆	开花至结荚初期	
	豌豆	开花至结荚期	
菊科	串叶松香草　菊苣　菊芋	初花期	
藜科	地肤	开花至结实期	

①如为生产蛋白质、维生素含量高的苜蓿干草粉，应在孕蕾期刈割。虽然产量稍低些，但可从优质草粉的经济效益和商品价值予以补偿。

②是把刚收割的饲料作物的原始含水量下降到安全含水量的时间。此时，植物细胞和微生物的活动完全停止，营养成分处于稳定状态。所以，尽量缩短干燥时间，减少生理生化作用和氮化作用造成的损失。

③是指饲料作物收割后，就地摊开晾晒。

④每数小时翻动一次，干燥5～7小时后，待水分减至50%左右时集成小堆直至风干做好防雨工作。

⑤割草机收割后，就地晾晒数小时，用搂草机搂成草垄，干燥4～5小时后，集成草堆，再经1～2天至含水量约20%～25%时，用捡拾打捆机或棉花等的打包机打成草捆。

③根据不同的利用目的确定①。

④天然草场，应以草群中主要牧草（优势种）的最适刈割期为准。

干燥

脱水干燥是干草加工产品生产中的重要技术环节。青干草干燥过程伴随着一系列复杂的生理过程，植物的营养物质会有一定的损失，其损失比例取决于干燥速度②。试验表明，干燥速度快，营养物质保存率高，干草品质好（表5-28）。而青干草干燥速度取决于植物体表面水分散发（外部散水）的速度和水分从细胞内向体表移动（内部散水）的速度。同时还受空气湿度、温度和流动速度等因素的影响（表5-29）。

表5-28　干燥速度对苜蓿蛋白质保存率的影响

干燥速度（小时）	蛋白质保存率（%）
≤2	≥95
72	70左右

表5-29　依据消耗能源不同的三种干燥方法比较

干燥方法	能源	场地	形式	优点	缺点
自然干燥法③	日光能	田间	种植面积较小时，可采用人工方法④；种植面积较大时，多采用机械操作⑤	草产品存在芳香性氨基酸，使其具有芳香的青草味，保留的蛋白质有很好的消化率和适口性，家畜的采食量增多。宜在年降雨量200～300毫米，无霜期150天左右的地区应用	营养物质损失较大

（续）

干燥方法	能源	场地	形 式	优 点	缺 点
人工干燥法	化学能为主	田间、加工厂	常温通风干燥法② 低温烘干法③ 高温快速干燥法④	干燥速度快，仅3～10分钟，蛋白质损失小	加工成本很高；草产品的芳香性被挥发，保留的蛋白质发生老化现象，消化率和适口性均有所降低
混合脱水干燥法①	日光能和化学能（或电能）	田间、加工厂	上述两种方法结合	耗能量较小，固定投资和生产成本较低，能适应年降雨量300～650毫米地区草产品生产者需要	草产品的芳香性被挥发，保留的蛋白质发生老化现象，消化率和适口性均有所降低

加快干燥速度方法

①翻晒草垄　鲜草收割后，搂成一定宽度的草垄，定时翻晒，疏松草垄。特别是在水分散失的第二阶段（即植物体内结合水或称束缚水的散失），应坚持翻晒草垄，促进外部散水和内部散水协调一致。

在搂草、聚堆、压捆等操作时，应在植物柔嫩部分还未折断或折断不多时进行。

②压扁茎秆　植物体内的各部位不仅含水量不同，而且散水强度也不同，导致各部位干燥速度不均匀，干燥时间延长。为了使饲料作物（如豆科）茎、叶干燥速度达到基本同步，并提高整个鲜草在田间晾晒的速度，往往在收割饲草时，采用割草压扁机把茎秆压扁⑤。压扁程度一般分为两种，一种轻压，即压扁后茎秆有纵向裂

①收割后的鲜草在田间晾晒至含水量40%～50%，但又不能降至安全水分以下时，将其送往加工厂干燥。

②收割后的青草在田间干燥到含水量35%～40%时，运往草库，开动鼓风机完成干燥。

③利用50～70℃或120～150℃热气流将牧草经数小时完成干燥。

④利用500～1 000℃以上的高温气流，将鲜草在数分钟甚至数秒钟内完成干燥。

⑤使茎秆内部暴露在空气中，因而水分散失快，可大大缩短干燥时间，减少养分的损失。试验证明，茎秆压扁后，干燥时间可缩短1/3～1/2。

139

纹，但不会分开。另一种是重压，茎有纵向裂纹，且裂开。重压扁的干燥时间比不压扁的缩短41~51小时，轻压扁的干燥时间比不压扁的缩短21~29小时，但因为重压扁会挤出液汁，茎内部完全暴露于空气中，氧化作用旺盛，故蛋白质损失较高。所以，总的来说，轻压扁干燥，效果最好。

③草架干燥　栽培饲料作物，特别是豆科饲料作物植株高大、含水量高，可采用草架干燥法进行干燥。利用草架干燥，可将饲草在地面上干燥4~10小时，含水量降至40%~50%时，再将饲草自下而上堆放在草架上。

④使用化学制剂　使用脱水剂，可破坏植物角质层和细胞膜，促使植物体内水分蒸发，加速干燥速度。应用较多的化学制剂有有机酸（丙酸、醋酸）、酸式盐（双乙酸钠、山梨酸）、无机盐（碳酸钾、碳酸氢钠、氯化钠等）、铵类化合物、尿素、发酵产品等。试验表明，在苜蓿干草调制过程中添加浓度为3%的碳酸钾，含水量下降很快，干燥速率提高34%。

▶ **含水量的估计**

干草的含水量除用仪器测定外，在生产上常用感观法估计（表5-30）。

表5-30　感观法估计饲料作物干燥过程中含水量

含水量	感　观　特　征	
	禾本科饲料作物	豆科饲料作物
40%~50%	茎叶保持新鲜，鲜绿色变成深绿色，叶片卷成筒状，取一束草用力拧挤，成绳状，不出水	叶片卷缩，深绿色，叶柄易断，茎下部叶片易脱落，茎秆颜色基本未变，挤压时，能挤出水分，茎的表皮能用手指甲刮下
25%左右	用手揉搓草束时，不发出沙沙响声，可拧成草绳，不易折断	用手摇草束，叶片发出沙沙声音，易脱落

（续）

含水量	感 观 特 征	
	禾本科饲料作物	豆科饲料作物
18%左右	揉搓草束发出沙沙声，叶片卷曲，茎不易折断	叶、嫩枝易折断，弯曲茎易断裂，不易用指甲刮下表皮
15%左右	用手揉搓发出沙沙声，茎秆易折断，拧不成草辫	叶片大部分脱落，茎秆易断，发出清脆的断裂声

▶ 青干草的评价

见表 5-31 和表 5-32。

表 5-31　青干草感官评定标准

级别	豆科干草	豆科与禾本科干草	禾本科干草
上等	鲜绿色、芳香、无结块	绿色、芳香、无结块	黄绿色、无异味
中等	淡绿色、黄绿色、无发霉、无结块	淡黄色、无异味、无发霉	暗绿色、无发霉、无结块
下等	黄褐色或暗黄褐色、无异味	暗绿色、无异味、无发霉、无结块	黄褐色、无发霉、无结块

表 5-32　青干草分级标准①

质量标准	粗蛋白质 CP（%）	酸性洗涤纤维 ADF（%）	中性洗涤纤维 NDF（%）	可消化干物质 DDM（%）	干物质采食量 DMI（%）	相对饲喂价值 RFV（%）
特级	＞19	＜31	＜40	＞65	＞3	＞15
1	17~19	31~35	40~46	62~65	3.0~2.6	151~125
2	14~16	36~40	47~53	58~61	2.5~2.3	124~103
3	11~13	41~42	54~60	56~57	2.2~2.0	102~87
4	8~10	43~45	61~65	53~55	1.9~1.8	86~75
5	＜8	＞45	＞65	＜53	＜1.8	＜75

① 依据干草化学组成评定干草等级是由美国的 BULA 等在 1978 年提出的。

注：DDM = 88.9 − 0.779ADF；DMI = 120/NDF；RFV = DDM×DMI÷1.29；100RFV 的标准干草含 41%的 ADF 和 53%的 NDF。

青干草的贮藏

①露天堆藏 当干草的水分降到 15%~18%时，即可进行堆藏。干草在露天堆藏，草垛形式有长方形、圆形等。这种堆藏方式是我国传统的贮藏青干草的方法，经济简便，在农区、牧区大都采用这种方法贮藏干草。要选择在干燥、背风、排水良好的地方堆垛。堆垛时，要分层堆，垛中心要压实，四周边缘要整齐，垛顶要高，呈圆形，草垛从 1/2 处开始，从垛底到收顶应逐渐放宽约 1 米左右，形成上大下小的形式，堆垛上部加盖 10 厘米厚麦秸或塑料薄膜，并抹泥封顶。在降雨多的地区或贮草量大的地方，应建青草贮藏棚或草库，以确保青草安全贮藏，减少营养物质损失。

②草捆贮藏 就是把青干草压缩成长方形或圆形草捆进行贮藏[①]（图 5-9）。

图 5-9 草捆贮藏

草捆垛一般长 20 米，宽 5~6 米，高 20~25 米。

③半干草贮藏 为了调制优质干草，或在雨水较多的地区，在青草含水量降到 35%~40%时，用打捆机打捆贮藏[②]。

①采用这种方法便于运输，减少贮藏空间，节省劳力，营养物质损失小。在露天贮藏时，要在垛的顶部盖塑料布或篷布，最好采用草棚或草库贮藏。

②打捆时要压紧，使草捆内部形成厌氧条件，避免发生霉变。为减少制作干草时不良气候的影响，在打捆时或打捆前，向干草中喷洒双丙酸铵，以提高含水分较高干草的保存效果。亦可按每千克牧草干物质喷洒 60 克尿素。

(6) 秸秆饲料的加工调制

物理方法

主要包括以下方法：

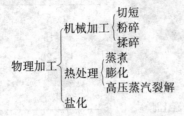

化学方法

秸秆经化学处理的作用，概括起来有：

◆ 提高消化率。

◆ 改善适口性，增加采食量。

◆ 增加氮含量，提高营养水平。

◆ 提高家畜增重速度。

◆ 提高经济效益。

化学处理
- 碱化处理：通过氢氧根离子打断木质素与半纤维素之间和酯键，使大部分木质素（60%～80%）溶于碱中，把镶嵌在木质素-半纤维素复合物中纤维素释放出来，同时，碱类物质还能溶解半纤维素
- 氨化处理：秸秆饲料蛋白质含量低，有机物与氨发生氨解反应，形成铵盐，成为瘤胃微生物氮源，同时存在碱化作用（表5-33、表5-34和图5-10）
- 氨碱复合处理：秸秆饲料氨化后再进行碱化
- 酸处理：用酸破坏木质素与多糖（纤维素、半纤维素）链间的脂键结构

表 5-33　氨化处理秸秆的方法

氨源	处 理 方 法	条 件
氨水	切碎的秸秆装进干燥的窖（壕）内压实，每 100 千克秸秆喷洒 24 千克 2%～3% 的氨水，装满后立即封口	20℃以上处理 5～7 天
尿素	将原料青贮在土坑、青贮窖或成堆青贮	5% 尿素水溶液与原料按 50∶50 混合，20℃以上温度青贮 1 周以上

图 5-10　氨化池

表 5-34　氨化时间和温度对照

（冀一伦，1989 年）

温度（℃）	氨化时间（周）
0～5	8 以上
5～15	4～8
15～20	2～8
20～30	1～3
30 以上	少于 1

①利用现代生物技术筛选培育出的秸秆生物发酵饲料菌种，包括纤维分解菌、酵母菌、有机酸发酵菌等的高效复合微生物。

②气温在 8～10℃就可制作秸秆微贮饲料。在北方地区，春夏秋三季都可制作。

③每吨秸秆制成微贮饲料只需发酵菌种费 20 元。

④采食速度、采食量、秸秆消化率和有机物消化率分别提高 40%~43%、20%~40%、20% 和30%以上。

⑤丙酸与乙酸未离解分子的强力杀菌作用，使秸秆饲料不易发霉腐烂，从而能长期保存。

（7）微干贮饲料的加工调制　微干贮就是将微生物活性干菌（种）剂①，经溶解复活后，兑入浓度 1.0%的盐水中，再喷洒到铡短的作物秸秆上，放入水泥青贮窖、土窖等密封容器中进行发酵、贮藏，在厌氧条件下，经一定的发酵过程，使微生物生长繁殖，使大量纤维素、木质素转化为糖类，糖类又经酵母菌、有机酸发酵菌转化为乳酸和脂肪酸，从而使农作物秸秆变成具有酸、香、酒味的、含有较多的菌体蛋白和生物消化酶的可饲用粗饲料的加工方法。此方法耗氧发酵、厌氧保存，和青贮饲料的制作原理不同。

▶ 微干贮饲料的优点

◆ 原料来源广泛。

◆ 气温条件较低，制作季节长②。

◆ 长期饲喂无毒副作用，可代替部分精料，降低饲养成本③。

◆ 适口性好，采食量高，消化率高④。

◆ 成酸作用强，保存期长，取用方便，随需随取随喂，不需晾晒⑤。

微干贮饲料制作流程见图 5-11。

▶ 前期准备

①按每立方米可贮干秸秆 300 千克或青秸秆 500 千克

图 5-11　微干贮饲料制作流程图

计算出窖的贮量。

②在地势较高、排水容易，土质坚硬、离羊舍近的地方，修建微贮窖。圆形窖一般直径 2 米、深 3 米，长方形窖一般长 4 米、宽 2 米、深 2.5 米。旧窖在使用前要清扫干净。

③发酵菌种用量一般按 500 克处理干秸秆 1 吨或青贮秸秆 3 吨计算。

④用于微贮的秸秆必须清洁、无污染、无霉变。

⑤适量的糖蜜或白糖及食盐、大缸、喷壶、塑料膜等。

▶ 菌液配制

以海星牌微贮王活干菌的配制为例。根据秸秆的种类，计算食盐、水、菌种用量。菌液应当天用完，防止隔夜失效（图 5-12、表 5-35）。

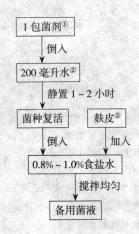

图 5-12　海星牌微贮王活
　　　干菌配制流程图

①一包为 3 克。

②或者每 100 毫升水中加入 5 克糖蜜或 1 克白糖，充分溶解，配制 5% 糖蜜或 1% 白糖溶液，然后加入活干菌溶解。

③每吨干秸秆一般加麸皮 10 千克。

表 5-35　菌液中食盐，水和菌种的用量

秸秆种类	秸秆重量（千克）	活干菌用量（克）	食盐用量（千克）	自来水用量（千克）	贮料含水率（％）
稻麦秸秆	1 000	3.0	9～12	1 200～1 400	60～70
风干玉米秸	1 000	3.0	6～8	800～1 000	60～70
青玉米秸	1 000	1.5	—	适量	60～70

◆ 秸秆微贮饲料加水量的测算：秸秆微贮饲料加水量由原料的含水量和微贮饲料要求达到的含水率决定。微贮饲料中的含水率要求 60%~70%，取其平均值 65%（表 5-36、表 5-37）。

▶ 切料

一般麦秸、稻草比较柔软，可用铡草机铡碎成 2~3 厘米的长度。玉米秸较粗硬，可用揉碎机加工成丝条状。

▶ 装窖

在窖内铺塑料薄膜，在窖底铺放 20~30 厘米厚的粉

表 5-36　秸秆含水率的测定方法

方　法	秸秆含水率计算或判定	备　注
仪器测定	直接测出	
晒制法测定	原料样本称重，晒制成风干样本，测定含水率	秸秆微贮饲料加水量＝（0.65－秸秆原料含水量×秸秆重量）/0.35×100%
经验判断法[①]	有水滴滴下，含水率 80% 以上；指缝中有可见水珠而不滴下，松开手后手掌中有明显水分，含水率为 60%；指缝中无明显水珠，松开手后略有湿润感觉，含水率为 50%	

①原料充分切短切碎，然后用双手挤拧。

表 5-37　几种常用饲料的含水率

饲 料 种 类	含水率（％）
收获嫩玉米棒子后的玉米秸	60
玉米棒子成熟收获，茎叶大部分还是青绿色	50
风干玉米秸	11.2
风干稻草和麦秸	13.5
风干油菜秆	16

碎秸秆，均匀喷洒菌液，喷洒后及时踩实，压实后再铺放 20~30 厘米厚秸秆，喷洒菌液，踩实。如此边洒、边踩、边装，一层层地装填原料。有条件时，可在微贮料中加入秸秆量 0.5%的麸皮或 0.5%玉米粉，其效果更佳。

▶ 撒盐

待秸秆分层压实到高出窖口 30～40 厘米时，充分踩实，再在最上层按每立方米 250 克的量均匀洒上食盐粉，盖上塑料薄膜，膜上再铺 20 厘米厚麦秸或稻草，但不密封。

▶ 封窖

过 3~5 天，当窖内的温度达 45℃以上时，再均匀地覆土 15~20 厘米厚，充分踩实，尤其窖口周围应厚一些，踩实，防止进气漏水。同时修好排水沟。注意观察，发现裂隙，及时填土、踩实。

▶ 开窖取料

秸秆微贮饲料，一般需在窖内贮 21~30 天后，变得柔软呈醇酸香味时才能取喂，冬季需要的时间则更长些。

取用时的注意事项和青贮料相同。

▶ 品质鉴定

秸秆微贮饲料感观品质鉴定见表 5-38。

▶ 饲喂技术

（1）开始饲喂时，喂量由少到多。当羊只适应后，成年羊的饲喂量为 2~3 千克/天，同时应加入 20%的干秸

表 5-38　秸秆微贮饲料的感观鉴定

指标	优质微贮饲料	劣质微贮饲料
色泽	青玉米秸秆呈橄榄绿 稻草、麦秸呈黄褐色	褐色和墨绿色
气味	醇香味和果香味，并具有弱酸味①	腐臭味②
手感	松散，且质地柔软湿润	发黏结块；松散，但干燥粗硬

①若有强酸味，表明醋酸较多，是由于水分过多和高温发酵造成。

②是由于压实程度不够和密封不严，使有害微生物发酵，不能喂羊。

秆和 10%的精饲料混合饲喂。

（2）每次投喂微贮饲料时，要求槽内清洁。

（3）冬季冻结的微贮饲料应加热化开后再用。

（4）微贮饲料由于在制作时加入了食盐，这部分食盐应从日粮中扣除。

六、羊的饲养管理

目标
- 了解并掌握不同生理阶段羊的饲养管理
- 了解并掌握不同生产目的羊的饲养管理

(一) 种公羊的饲养管理

种公羊的饲养应维持中上等种用体况，以使其常年体质健壮、活泼、精力充沛、性欲旺盛、精液品质优良，充分发挥其种用价值，其饲养管理流程见图 6-1。

配种前的公羊体重比进入配种期时要高 10%～20%。

(二) 繁殖母羊的饲养管理

繁殖母羊常年保持良好的饲养管理条件，可促使其早发情，配种率高，产羔多，产出的羔羊初生重大。母羊的饲养依据其生理特点和生产期的不同分为配种准备期、妊娠前期、妊娠后期、哺乳前期和哺乳后期五个阶段（图 6-2）。

羔羊断奶至配种期。饲养重点是及时整齐断奶，抓膘复壮，为日后的发情和妊娠贮备营养。配种前体重每增加 1 千克，产羔率可望增加 2%。经过 1～2 个月的抓膘，母羊增重可达 10～15 千克。

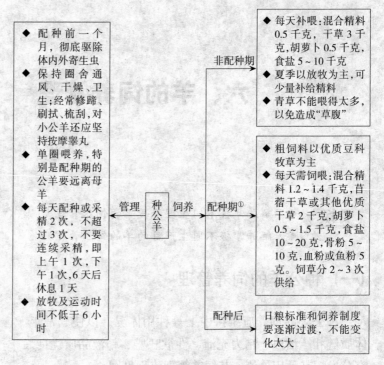

①公羊神经处于兴奋状态，心神不安，采食不好，加上繁重的配种任务，所以饲养管理要特别细心。

图 6-1　种公羊的饲养管理流程图

　　妊娠的前 3 个月。胎儿发育缓慢，胎重约是初生重的 10% ~ 15%，胎儿主要发育脑、心、肝、胃等器官。

　　即妊娠最后 2 个月。胎儿 85% ~ 90% 的初生重在这个阶段增加的，母羊对营养物质的需要明显增加。因母羊腹腔容积有限，对饲料干物质的采食量相对减少，饲喂饲料体积过大或水分含量过高的日粮均不能满足其营养需要。

　　肉山羊、绵羊的哺乳期分别为 50 ~ 90 天和 90 ~ 120 天。产羔后，母羊泌乳量逐渐上升，在 4 ~ 6 周内达到高峰，10 周后逐渐下降。羔羊生长变化的 75% 同母乳量有关，每千克鲜奶约可使羔羊增重 0.176 千克。应根据母羊膘情、泌乳量高低及带羔多少，加强母羊的补饲，特

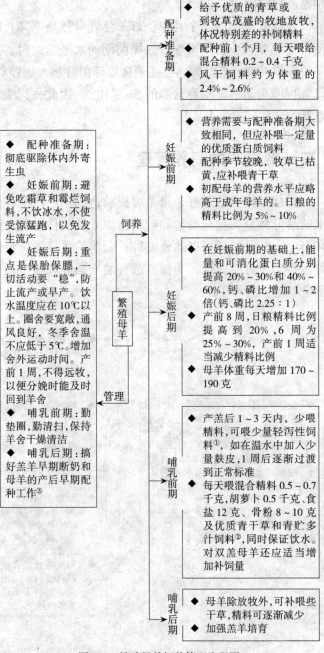

◆ 配种准备期：彻底驱除体内外寄生虫

◆ 妊娠前期：避免吃霜草和霉烂饲料，不饮冰水，不使受惊猛跑，以免发生流产

◆ 妊娠后期：重点是保胎保膘，一切活动要"稳"，防止流产或早产。饮水温度应在10℃以上。圈舍要宽敞，通风良好，冬季舍温不应低于5℃。增加舍外运动时间。产前1周，不得远牧，以便分娩时能及时回到羊舍

◆ 哺乳前期：勤垫圈，勤清扫，保持羊舍干燥清洁

◆ 哺乳后期：搞好羔羊早期断奶和母羊的产后早期配种工作③

饲养

繁殖母羊

管理

配种准备期

◆ 给予优质的青草或到牧草茂盛的牧地放牧，体况特别差的补饲精料

◆ 配种前1个月，每天喂给混合精料0.2～0.4千克

◆ 风干饲料约为体重的2.4%～2.6%

妊娠前期

◆ 营养需要与配种准备期大致相同，但应补喂一定量的优质蛋白质饲料

◆ 配种季节较晚，牧草已枯黄，应补喂青草料

◆ 初配母羊的营养水平应略高于成年母羊的。日粮的精料比例为5%～10%

妊娠后期

◆ 在妊娠前期的基础上，能量和可消化蛋白质分别提高20%～30%和40%～60%，钙、磷比增加1～2倍(钙、磷比2.25∶1)

◆ 产前8周，日粮精料比例提高到20%，6周为25%～30%，产前1周适当减少精料比例

◆ 母羊体重每天增加170～190克

哺乳前期

◆ 产羔后1～3天内，少喂精料，可喂少量轻泻性饲料①，如在温水中加入少量麸皮，1周后逐渐过渡到正常标准

◆ 每天喂混合精料0.5～0.7千克，胡萝卜0.5千克、食盐12克、骨粉8～10克及优质青干草和青贮多汁饲料②，同时保证饮水。对双羔母羊还应适当增加补饲量

哺乳后期

◆ 母羊除放牧外，可补喂些干草，精料可逐渐减少

◆ 加强羔羊培育

①调节母羊消化机能，促进恶露排出，避免发生乳房炎。

②促进母羊泌乳机能。

③断奶越早，母羊进入正常繁殖的时间就越早，受胎率也会越高。

图6-2 繁殖母羊饲养管理流程图

别是产后的前 20～30 天。

在哺乳后期的 2 个月中，母羊泌乳量逐渐下降，即使再加强补饲，也很难维持妊娠前期的水平。此时，羔羊胃肠道功能已趋完善，已能采食粉碎饲料和大量青草，母乳仅能满足羔羊本身营养的 5%～10%，因此，饲喂重点开始转移到羔羊上。

（三）育成羊的饲养管理

育成羊饲养管理好，母羊可提前达到第一次配种要求的最低体重，提早发情和配种，如 6 月龄体重能达到 40 千克，8 月龄就可以达到配种；公羊的优良遗传特性可以得到充分的体现，为提高选种的准确性和提早利用奠定基础（图 6-3）。

①指断奶至第一次配种这一年龄段的幼龄羊，一般在 5～18 月龄之间。

②断奶至 8 月龄之间的羔羊，生长发育快，增重强度大，瘤胃容积有限且机能不完善，对粗饲料的利用能力较差。

③8 月龄后的羔羊，生长发育强度逐渐下降，瘤胃机能基本完善，可以采食大量牧草和青贮、微贮秸秆。

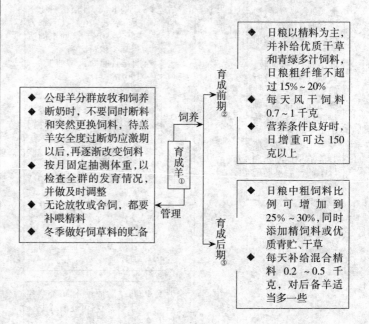

图 6-3 育成羊饲养管理流程图

（四）育肥羊的饲养管理

目标
● 掌握羊的育肥技术
● 了解羊的几种育肥方式

肉羊育肥是养羊生产中根据肉羊的消化生理特点、生长发育规律，以市场需求为导向，以高产、优质、高效为目标，以较低的投入，在较短的时间内，为最大限度地发挥肉羊生产性能而采取的各种先进的肉羊饲养管理和育肥技术，也是实现肉羊集约化经营、标准化生产的必然途径。

1. 育肥前的准备

（1）育肥羊舍的准备　育肥开始前，应对圈舍进行全面检查，及时消除影响羊群安全和育肥效果的因素，维修破损的围墙和屋顶，检修围栏、饲槽、电线等生产设施。羊舍用10%～20%石灰乳或10%漂白粉溶液进行全面彻底地消毒，将消毒药盛于喷雾器内喷洒地面、墙壁、天花板、饲槽等，然后打开门窗通风，用清水刷洗饲槽、用具，除去消毒药味。羊舍门前应铺垫石灰或放置浸泡有2%～4%氢氧化钠消毒液的麻袋片或草垫。规模较大的育肥户或育肥场，应设消毒间和消毒池，进场人员和车辆应严格消毒。严禁非工作人员进入生产区，以免传染疾病。

（2）育肥羊的准备

① 合理分群　育肥前要根据育肥羊的品种、年龄、性别、体重、膘情等情况合理分群，分圈饲养。这样才能够根据肉羊的生理特点、生长发育规律和营养状况进行科学的饲养管理，实行一个圈舍同进同出的标准化生产，提高育肥生产的经济效益。通常可将育肥羊分为羯羊群、淘汰母羊群、当年羔羊群等。

②去势、修蹄、剪毛 去势后的公羊性情温驯、便于管理，容易育肥，同时还可减少膻味，提高羊肉品质。可在羔羊2～3周龄时，对不留作种用的公羔进行去势。在现代养羊生产中，早期断奶公羔育肥可不去势，此时由于公羔尚未完全性成熟，不受去势应激反应的影响，增重效果反而比去势的同龄公羔快，而且膻味与去势羔羊无明显差别。育肥前应对育肥羊进行修蹄，蹄甲过长、蹄尖上卷、蹄壁裂折等会引起羊的四肢变形，影响采食和行走，减少育肥日增重。育肥羊在育肥前进行一次剪毛，可以减少营养消耗，利于采食抓膘，同时也不影响毛皮的利用。

③驱虫、药浴、防疫注射 为了提高肉羊的增重效果，加速饲草料的有效转化，育肥前，选用低毒、高效、经济的药物对育肥羊进行1～2次体内外驱虫和药浴。为了预防传染病，所有育肥羊都要皮下注射或肌内注射三联苗（羊猝狙、羊快疫、羊肠毒血症）或五联苗（羊猝狙、羊快疫、羊肠毒血症、羔羊痢疾、黑疫）。

(3) 育肥饲草料的准备

①精饲料的准备 肉羊常用的精饲料有玉米、豆饼、豆粕、麸皮等，也可购买肉羊育肥用全混合精料和预混料。通常每只育肥羊育肥期需50～75千克精饲料。

②优质青干草的准备 野生牧草或人工种植牧草适时收割后，经干燥制成的青干草不仅容易贮藏，而且营养价值较高，是羊群冬春季节的主要饲草。贮存时要注意防水、防火、防霉变。通常按每只育肥羊每天采食0.5千克贮备。

③青贮饲料的准备 选择专用青贮玉米制作青贮，不仅营养价值高，而且适口性好，所有羊都喜欢食用。通常按每只育肥羊每天采食1千克贮备。

④作物秸秆的准备 粗纤维含量丰富，让羊自由采

食，用于增加羊瘤胃的充盈度，促进反刍。通常按每只育肥羊每天采食1.5千克贮备。

2. 育肥羊的选择

要想获得最大的育肥经济效益，首要的工作就是选择好育肥羊。应根据当地肉羊品种、育肥羊来源等情况选择品种优良、健康无病、口齿良好，具有生长发育潜力的肉用羊、杂种羊和适用于肉用生产的地方良种羊。

（1）选择肉用羊育肥 一般情况下，肉用羊比杂种羊、地方良种羊的体型大，增重速度快，屠宰率高，肉质好。如道赛特羊、萨福克羊，平均日增重在350克以上，屠宰率55%左右，日增重比本地羊高10%～20%，屠宰率高10%以上。在没有专门肉用羊品种供选择的情况下，应尽量选择杂交改良羊、地方良种羊，如道赛特羊与本地羊的杂交后代、波尔山羊与本地羊的杂交后代，大青羊、黑山羊等，不仅耐粗饲、适应性强，而且增重速度较快，育肥效果较好。

（2）选择公羊育肥 一般公羊比母羊生长发育好，日增重速度和饲料报酬高，育肥效果好，而且屠宰后胴体瘦肉多、脂肪少，符合广大消费者的需求。育肥公羊比去势羊日增重可提高10%，比母羊提高20%以上；每千克增重饲料消耗，育肥公羊比去势羊低9.5%，比母羊低13.6%。

（3）选择羔羊育肥 利用羔羊进行育肥是近年来国外羊肉生产的主体，也是我国今后羊肉生产的发展方向。根据羊的生长发育规律，羔羊阶段正处于生长发育的高峰，生理代谢机能旺盛，生长发育较快，增重主要以肌肉、骨骼和组织器官生长为主，所产羊肉鲜嫩、多汁、精肉多、脂肪少、易消化、味道鲜美、膻味小，而且育肥期间饲料消耗少，料重比可达3：1以上。

（4）选择成年羊育肥 成年羊骨骼已经定型，组织器官和肌肉生长已经成熟，育肥主要是沉积脂肪，育肥时间短。同时，有些成年羊生长发育期采食精料不足或由其他原因使生长发育受阻，在供给高能量饲料后，能产生补偿增重效应，在短期内能达到育肥的目的。

（5）选用健康羊育肥　不论选用肉用羊、杂种羊、还是地方良种羊，选择成年羊还是羔羊进行育肥，都必须口齿完整、消化功能正常、健康无病，特别是没有传染性疾病。

3. 育肥时间的选择

（1）选择最佳育肥年龄　羊的增重速度、胴体质量、活重、饲料利用效率等都和羊的年龄有非常密切的关系，选择育肥羊时必须注意羊的年龄。一般情况下，肉羊的生长速度随着年龄的增大而递减，每千克增重饲料消耗则随着年龄的增加而增加。因此，选择羔羊育肥，增重速度快，饲料消耗少，经济效益高。在选择成年羊时，应选择体骼较大，早期食入精料不足的羊，因这些羊瘤胃容积较大、采食量大，在供给充足的精料后能够产生补偿增重效应，获得较快的增重速度。

（2）选择最佳育肥季节　进行肉羊育肥生产，必须考虑饲料供应、气温变化和市场对肉羊的季节性需求情况。一般来说，选择饲草料供应充足、价格较低、气候温暖，适于肉羊快速育肥的季节进行育肥，既可发挥肉羊快速育肥的优势，又可发挥饲草料供应充足、成本较低的优势。特别是放牧育肥、露天围栏育肥，要充分考虑牧草的生长季节和营养变化情况，尽量避开冬春季节和夏季炎热季节。冬春季节肉羊维持需要量高，饲草料供应紧张，育肥成本较高；夏季气温高于27℃时，羊采食量下降，增重速度也下降。除此之外，还应考虑肉羊出栏的最佳季节，特别是在肉羊市场需求旺盛的季节出栏，效益增加明显。

（3）选择最佳育肥时间　肉羊育肥时间，要根据肉羊的体重、饲料饲草供应情况和市场需求情况而定。一般情况下，羔羊育肥时间较长，成年羊育肥时间较短；放牧育肥时间较长，舍饲育肥时间较短；市场需求量大时育肥时间要短，市场需求疲软时育肥时间要长。因此，在肉羊生产中，有时进行短期快速育肥，有时进行延期育肥，以获得最大的育肥经济效益。

4. 育肥方式的选择

（1）羔羊提前断奶育肥　羔羊提前断奶育肥是指全部利用精料对哺乳期未满提前（1~1.5月龄）断奶的羔羊实施的育肥。实施提前断奶的羔羊应是生长发育比较充分的个体。对于较大品种及其杂种羊，体重应达10千克以上，断奶后育肥45~60天屠宰上市。良种或其他杂种育肥结束，料重比可达3∶1或更高。这种育肥方式生产的肥羔肉为羊肉中的极品。这种方法充分利用了羔羊3月龄以前生长最快、屠宰率和净肉率最高、进食和消化方式与单胃动物近似的生理特点进行早期断奶育肥，饲料利用率高，饲料增重比可达（2.5~4）∶1。而且可以只喂精料、不喂粗料，管理简单，不易发生消化道疾病。

（2）哺乳羔羊育肥　哺乳羔羊育肥是指利用羔羊哺乳期生长迅速这一突出特点，在哺乳的同时饲喂充足的精料，使之能够生长、增重、上膘更快的一种羔羊育肥方式。采用这种方法育肥，羔羊仍按正常补饲方法饲养，但需提高补饲水平。平时陆续从母仔群中挑出个头、膘情、体重达到出栏屠宰规格或要求的个体出售。到哺乳期满（3月龄）时，仍未达到出栏要求的个体可于断奶后继续专门育肥。这种方法可完全避免因断奶改变生活环境而产生的应激反应，更有利于羔羊的生长。在进行哺乳育肥过程中，为提高育肥效果，除加强对羔羊的补饲外，同时还应加强对母羊的饲养，保证它们能有更多的奶水。应用这种方法育肥，饲料增重比可达 (2 ~ 2.5) : 1。

（3）断奶羔羊育肥 断奶羔羊育肥是指羔羊在正常（3 ~ 4月龄）断奶以后进行育肥的一种方式，一般育肥到6 ~ 7月龄结束。羔羊断奶后，除需留作种用的以外，大多作为商品肉羊出售，这种羊经过充分的发育，适应性强、采食能力强、生长速度快。若再经一段时间的集中育肥，会使产肉性能和饲养效益获得显著的提高。

（4）当年羔羊育肥 当年羔羊育肥是我国肉羊业的主体，是提高羊肉产量和养羊经济效益的途径。也是符合农村实际和传统的做法，是通过实行当年羔羊、当年育肥的生产制度，使育肥羔羊的出栏时间正好赶在元旦或春节前，这一方面符合市场需求规律，另一方面考虑到了饲草的供求变化，能产生较大的经济效益。经过当年补饲育肥的10月龄羯羊，平均体重45千克，胴体重17.8千克，约消耗干草290千克，草料比约16 : 1；而2岁羯羊平均体重49.5千克，胴体重19.8千克，约消耗干草640千克，草料比为43 : 1。可见每生产一只2岁羯羊多消耗干草550千克，相当于生产2只10月龄羯羊的饲草消耗量，造成饲草资源和人力物力的浪费。

（5）成年羊育肥 是根据成年羊的生理生产特点采取的一种育肥方法。育肥对象主要是淘汰母羊、老残羊、成年羯羊。在育肥生产中，特别是在专业化工厂育肥生产中，由于供育肥的羊组成比较复杂，肥瘦、强弱、性别各种类型的都有，需要根据育肥场规模、羊舍和饲养管理条件进行分群，按照不同羊的情况进行针对性的育肥。在育肥期间，由于成年羊的增重部分主要是脂肪，育肥饲料以能量饲料为主，育肥期一般为2 ~ 3个月。

5.育肥饲料的选择

应用配合饲料育肥，即根据肉羊的消化生理特点、品种、年龄、日增重速度、饲料资源和肉羊市场价格而设计和加工的肉羊育肥专用饲料，使饲料的适口性、营养浓度和成分满足肉羊短期快速育肥的要求。

（1）应用全混合日粮育肥 所谓全混合日粮，就是根据肉羊育肥所需要的粗蛋白、能量、粗纤维、矿物质和维生素等营养物质需要设计的育肥饲料配方，把揉碎、粉碎的粗饲料与精料和各种添加剂充分混合，并经过进一步科学的加工，制成营养平衡的颗粒或饼状料。应用全混合日粮，可提高采食量8.9%。而且，从全混合日粮的物理性状上看，颗粒状全混合日粮比粉状的适口性好，用颗粒状全混合日粮育肥绵羊比用粉状全混合日粮育肥绵羊的日增重高20%～25%，每千克增重消耗饲料少9.1%。而应用饼状全混合日粮育肥可比用粉状全混合日粮育肥减少饲料消耗7.8%。同时，全混合日粮的颗粒化，有利于尿素等非蛋白氮的添加，使日粮成本明显降低。

（2）应用添加剂育肥 随着科学技术的发展和肉羊生产集约化程度的提高，添加剂在肉羊育肥生产中的应用已非常普遍，并在生产中发挥了重要的作用。目前，在肉羊育肥生产中应用的添加剂，主要是补充和平衡营养，强化机体机能，调控瘤胃理化环境，增进畜体健康和促进肉羊快速生长。

（3）应用羔羊代乳料育肥 羔羊代乳料的应用，为良种羊的快速扩繁、优良后备种羊的培育、羔羊成活率提高和优质羔羊肉和肥羔肉的生产提供了可靠的科技支撑。由于羔羊代乳料在营养成分和免疫组分上接近母乳，在口感上能使羔羊接受，所选原料质量高、营养丰富、容易消化，又添加有羔羊生长发育所需的各种维生素、微量元素、氨基酸、微生态制剂，不仅能代替母羊奶进行早期断奶，满足羔羊正常生长发育所需的各种营养物质，而且可应用于羔羊补饲和羔羊育肥，使羔羊的生长发育不因母羊体况下降和母乳的减少而受到影响，使羔羊体重相近、体型整齐，达到标准化羔羊育肥和肥羔生产的目的，提高羔羊育肥的经济效益。

（4）应用非降解蛋白质日粮育肥 根据现代反刍家畜蛋白质营养研究成果，肉羊食入的蛋白质中，要求40%必须是瘤胃微生物不能分解利用的蛋白质，以便其进入小肠被机体消化利用。特别是羔羊、初胎母羊和怀孕后期的母羊，由于瘤胃微生物不健全和微生物合成的菌体蛋白数量有限，单靠日粮中降解蛋白质不能满足机体快速生长的需要，必须从饲料中供给足够的瘤胃非降解蛋白。因此，在配制肉羊育肥日粮时，可选用非降解蛋白质含量高的骨粉和玉米蛋白粉、酒糟、玉米面筋等，平均日增重可提高10%～25%，并且可降低蛋白用量和饲料成本，具有明显的效益。

（5）应用非蛋白氮和低质蛋白料代替降解蛋白 如果日粮中降解蛋白不足，不能满足瘤胃微生物对氨的需要，或者为了降低日粮中蛋白成本，可通过在日粮中应用非蛋白氮如尿素和低质蛋白料，非常经济地满足瘤胃微生物的需要。但非蛋白氮的应用，应以满足瘤胃微生物需要和保持一定生产水平或提高生产水平为原则，按含氮量计算，1千克含氮量达46%的尿素，相当于6.8千克含粗蛋白42%的豆饼。在日粮中添加，一般用量不能超过日粮的1%，或不能超过日粮粗蛋白总量的1/3；按体重计算，每10千克体重日喂不能超过3克。

6.几种育肥饲料配方

（1）配方Ⅰ（摘自孙连珠《山西省畜禽标准化养殖小区建设》）

① 30～60日龄羔羊育肥颗粒饲料配方：玉米粒45%、大麦12%、豆饼15%、麸皮15%、脱脂奶粉5%、饲用干酵母5%、预混料3%。

② 60日龄以上羔羊育肥饲料配方：玉米60%、豆饼

9.5%、胡麻饼7%、麸皮20%、骨粉0.5%、预混料3%。

③成年肉羊舍饲育肥精料配方：玉米粉21%、玉米粒17%、草粉21.5%、豆饼21%、花生饼10%、麸皮7%、预混料2.5%。前20天每只每天饲喂350克，中间20天每天饲喂400克，后20天每天饲喂450克，粗饲料不限量自由采食。

④肉羊舍饲60天强化育肥精料配方：育肥第1~20天，每只羊每天供给精料500~600克，配方为玉米49%、麸皮20%、豆饼15%、胡麻饼13%、预混料3%；育肥第21~40天，每只羊每天供给精料700~800克，配方为玉米55%、麸皮20%、豆饼12%、胡麻饼10%、预混料3%；育肥第41~60天，每只羊每天供给精料900~1 000克，配方为玉米65%、麸皮15%、豆饼9%、胡麻饼8%、预混料3%。

（2）配方Ⅱ（摘自李金泉等《肉羊安全生产技术指南》）

①哺乳羔羊育肥饲料配方：玉米粒75%、黄豆饼18%、麸皮5%、沸石粉14%、食盐0.5%、维生素和微量元素0.1%。其中，维生素和微量元素的添加量按每千克饲料计算维生素A、维生素D、维生素E分别为5 000国际单位、1 000国际单位和200国际单位，硫酸钴3毫克，碘酸钾1毫克，亚硒酸钠1毫克。羔羊自由采食优质苜蓿干草，若干草质量较差，每只羊日粮中应添加50~100克蛋白质饲料。

②早期断奶羔羊强度育肥饲料配方：玉米83%、黄豆饼15%、石灰石粉1.4%、食盐0.5%、添加剂0.1%（其中氧化镁200克、硫酸锰80毫克、硫酸锌1毫克、碘酸钾1毫克，维生素A、维生素D、维生素E分别为500国际单位、1 000国际单位和20国际单位）。

③断奶羔羊育肥精料型日粮配方：玉米60%、豆粕

20%、麸皮18%、添加剂2%，矿物质食盐舔砖自由采食，每天给羊采食50～90克的秸秆或干草。全精料型日粮只适用于35千克左右的健壮羔羊，通过强度育肥，40～55天，体重达48～50千克出栏。

④断奶羔羊育肥全价颗粒型日粮配方：见表6-1。

表 6-1　颗粒型日粮配方（%）

饲料	羔羊用		成年羊用	
	6月龄前	6～8月龄	配方1	配方2
禾本科草粉	39.5	20.0	35.0	30.0
豆科草粉	30.0	20.0	—	—
秸秆	—	19.5	44.5	44.5
精料	30.0	40.0	20.0	25.0
磷酸氢钙	0.5	0.5	0.5	0.5

⑤当年羔羊育肥：第一阶段（1～15天），玉米30%、豆饼5%、干草62%、食盐1%、羊用添加剂1%、骨粉1%；第二阶段（16～50天），混合精料为玉米65%、麸皮10%、豆饼（粕）13%、优质花生秧粉10%、食盐1%、添加剂1%，混合粗料为玉米秆、地瓜秧和花生秧等；第三阶段（51～60天），玉米85%、麸皮6%、豆饼（粕）5%、骨粉2%、食盐1%、添加剂1%，粗料添加量随精料增加而减少，先粗后精，自由饮水。

（五）羊群组成与生产管理

目标
- 了解并掌握羊群的组成
- 掌握羊的日常生产管理

1. 羊群组成

羊群的结构应以繁殖母羊为基础，适当配置其他性别、年龄和其他用途的羊。羊群一般分为繁殖母羊、种公羊、育成公羊、羔羊、去势羊和淘汰羊等组。各组之间的关系如图6-4所示。

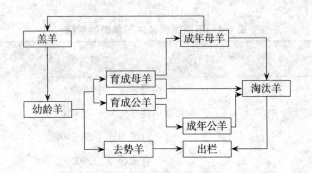

图 6-4　羊群周转示意图

羊群组成

以生产为目的的羊群，为了提高经济效益和加快羊群周转，要不断地降低羊群平均年龄，加大青年羊的比例。不管是纯繁群，还是生产群，都要尽量减少种公羊的饲养比例（表 6-2、表 6-3）。

表 6-2　育种为目的的纯繁羊群组成

目的	纯繁羊群组成				备　注
	2～5 岁	1 岁	6 岁	6 岁以上	加快育种进程，应尽量增大青年羊的比例
育种	约 75%	15%～20%	5%～10%	淘汰	

表 6-3　不同配种方式下羊群组成

配种方式	羊群组成（%）					备　注
	种公羊	育成公羊及试情公羊	一胎和二胎母羊	三胎和四胎母羊	高龄母羊	公羊 5～6 岁时淘汰；非留种用的公母羔全部进行育肥，当年屠宰；繁殖母羊的年更新率 25%～30%
自然交配	3～4	1～2				
人工授精	0.3～0.5	2～3	30～40	50～60	10	

羊群规模

羊群的规模应以充分利用各方面资源为原则。不同饲养条件下羊群规模不同（表 6-4）。

163

表 6-4　不同饲养条件下羊群的规模

饲养条件	羊群规模（只）
牧区	母羊　400～500
	羯羊　800～1 000
	育成母羊　200～300
	育成公羊　200
丘陵、山区	100～200
平川农区	繁殖母羊和育成母羊　30～40
	当年生去势育肥羊　25～30
	种公羊　10
完全舍饲	50～200

2. 抓羊与保定

在养羊生产中，经常要对羊只进行鉴定、剪毛、抓绒、配种、检疫等活动，因此，必须掌握正确的捕羊、导羊、保定羊的方法。

▶ **捕羊**

动作要轻、快，趁羊不备时，快速伸手抓住羊的左右两肷窝的皮或抓住后肢飞节以上部分。除此两部位外，其他部位不能随意乱抓，以免损伤羊体。

▶ **导羊前进**

羊的性情很犟，不能强拉硬拽，尽量顺其自然前进。导羊人可用一手扶在羊的颈下，以便左右其前进方向，另一手在其尾根处搔痒，羊即前进。不能扳住羊角或羊头硬拉。喂过料的羊，可用料逗引前进。

▶ **保定羊**

保定时，用两腿把羊颈夹住，抵住羊的肩部，使其不能前进和后退。另一种方法是用人工授精架进行保定，或用四柱栏等专用设施保定。

▶ **抱羊**

把羊捉住后，人站在羊的右侧，右手由羊前面两腿之间伸进托住胸部，左手抓住左侧后腿飞节，这样羊能紧贴人体，抱起来既省劲，羊又不乱动。

▶ **倒羊**

倒羊时，人站在羊的左侧，用左手按在羊的右肩端上，右手从腹下向两后肢间插入紧握羊右后肢飞节上端，然后用手向自己方向同时用力压拉，羊腿可卧倒在地。也有的站在羊的左侧，用左手握住羊的左前肢腕关节以上处，用右手握住左后肢飞节以上处，用力将羊提起，放倒在地。倒羊时，要轻、稳，以免发生意外事故。

3. 羊的编号

▶ **时间**

临时编号一般多在出生后 2~3 天，结合初生鉴定进行；永久编号在断奶或鉴定后进行。

▶ **耳标法**

耳标[1]用以记载羊的个体号、品种、出生年月、性别等，用钢字钉把羊的号打在耳标上，通常插于左耳基部（表 6-5）。

（1）佩戴耳标时，注意避开耳朵上大的血管。

（2）佩戴耳标后，注意看护，发现溃烂者要及时治疗，脱落后要及时补号。

[1]耳标由铝或塑料制成，形状有圆形和长条形两种。圆形的耳标多用在多灌木的地区放牧的羊，舍饲羊群多采用长条形耳标。

表 6-5 耳标上不同位数数字或字母代表含义

位数		代表含义	备　注
1		父亲品种	不同的羊场可以根据需要选择不同的编号内容
2		母亲品种	若羔羊数量多，可在羔羊编号前加"0"
3		出生年份	双羔可在号后加"—"标出 1 或 2
4~6		个体编号	
6	单号	公羔	
	双号	母羔	

（3）可通过佩戴不同颜色塑料耳标的办法来区别不同的等级或世代数等信息。

例如，某母羔于 1998 年出生，双羔，其父为道赛特羊（D 字母表示），母为小尾寒羊（H 字母表示），羔羊编号为 32 号，则完整编号应为 DH832—2 或 DH832—1。

▶ 剪耳法

也叫缺刻法①，是用特制的剪缺口钳在羊耳朵边缘剪上缺刻来表示等级及个体号。

（1）个体编号　通常规定为：左耳为个位数，右耳为十位数，左耳下缘一个缺口代表 1，上缘缺口代表 3，耳尖缺口代表 100，耳中间圆孔代表 400，右耳对应缺口分别代表 10，30，200，800。各缺口距离约为 1 厘米，上下缘各为两个口

图 6-5　个体编号剪耳法示意图

时，应相互对齐，如上缘为两个缺口时，下缘一缺口应在上缘二缺口的中间对应位置（图 6-5）。

（2）等级编号　耳尖剪一缺刻代表特级，耳下缘剪一缺刻代表一级，耳下缘剪二缺刻代表二级，耳上缘剪一缺刻代表三级，耳上下缘各剪一缺刻代表四级。纯种羊在右耳上剪缺刻，杂种羊可在左耳上剪缺刻。

（3）注意事项　耳号钳用酒精消毒，剪耳时应尽量避开血管，剪耳后用 5% 碘酊涂擦缺刻。剪缺口时，不能剪得太浅，否则不易识别。

▶ 刺字法

用特制的墨刺钳和刺字针把号码打在羊耳朵里面。刺字编号经济方便，缺点是随着羊耳的长大，字体容易模糊，且不适合耳部有有色毛的羊只。

烙角法

只适用于长角羊。用特制的十个号码钢字模，灼热后在公羊的右角上烙个体号，在左角上烙出生年份。烙角号宜在种公羊中进行。

4. 羊的称重分群

对羊只要定期称重，这样可以掌握羊群的生长发育情况，了解羊群采食及消化是否正常，饲料的营养价值是否达到羊只所需的营养标准，从而能及时调整饲料配方，改善饲养管理，保证种羊按时配种、商品羊按时出栏。羊只称重时间可根据生产目的来确定，育种用羊在羔羊初生、断奶、6月龄、12月龄、18月龄、24月龄分别称重，同时根据育种方案安排特殊时期称重；毛用羊要在每次剪毛后称重；育肥羊在育肥前、育肥期和育肥结束后分别称重（图6-6、图6-7）。

图 6-6　羔羊称重　　　　　　　图 6-7　成年羊称重

(刘田勇提供)

（1）羔羊期间测量体重　初生重、断奶体重。

（2）育成羊期间测量体重　6月龄体重、周岁体重、1.5岁体重、2周岁体重。

（3）剪毛后体重　春季剪毛后，每只羊都要测量剪毛后体重。

（4）标准羊的体重　每群选出上、中、下营养情况的羊10只，作为标准羊，每个月定期早晨空腹测量体重一次，与上个月对比，考核平时的饲养管理，便于改善饲养管理水平。

每年在配种前1个月，要根据羊的体重情况和年龄情况，对羊群进行调整，使羊群年龄、体重上趋于一致，饲喂时不致有的采食多、有的采食少，影响整体饲喂效果。对于种羊生产核心群，每年应有15%～30%的淘汰率，另有15%～30%的其他母羊从生产群或育成羊群中补充进来。对于育肥羊群，则要求一群羊基本上为一个年龄，体重上相差也不能太大。

5. 体尺测量

羊体尺测量具体部位见图6-8。羊生产中测量的主要体尺有体高、体长、胸围，根据需要测量胸宽、胸深、尾宽、尾长等。

①体高：鬐甲最高点到地平面的距离。体斜长：肩胛骨前缘到臀端的直线距离。胸围：肩胛骨后缘垂直地面绕胸部一周的长度。胸宽：两侧肩胛骨后缘最宽点的直线距离。胸深：鬐甲最高点至胸骨下缘的垂直距离。尾长：脂尾羊从第一尾椎前缘到尾端的距离。尾宽：尾幅最宽处的直线距离。体尺测量的单位：厘米。

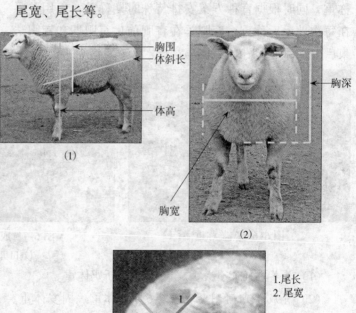

图 6-8 羊体尺测量①示意图

6.羔羊去势

去势俗称阉割。去势的羔羊被称为羯羊。每年对不做种用的公羊都应去势。

▶ **时间**

一般在羔羊出生后 2～4 周进行，天气寒冷可适当推迟。去势应选在晴天进行，减少感染。

▶ **方法**

羔羊不同去势方法见图 6-9 至图 6-11。

①一人保定羔羊，使其半蹲半仰，置于凳子上。

②一人用 3%石炭酸或碘酊消毒阴囊外部；左手紧握阴囊上方，右手用刀在阴囊下方与阴囊中膈平行的部位切开，切口的大小约为阴囊长度的 1/3，以能挤出睾丸为好。

③挤出睾丸，拉断精索，在伤口处涂上碘酊，并撒上消炎粉。

④术后注意观察，如有红肿发炎现象，要及时处理。

⑤1～2 天后，如阴囊收缩，即手术成功。

⑥在破伤风疫区，应在去势前对羔羊注射破伤风抗毒素。

图 6-9　阉割法去势示意图

①羔羊出生 1 周后，将睾丸挤进阴囊内，在阴囊基部扎上橡皮筋，使其血液循环受阻。

②半月以后阴囊连同睾丸自行干枯脱落。

③去势后注意检查，防止结扎部位发炎。

④不适合育成和成年公羊。

图 6-10　结扎法去势示意图

去势钳法：

①用去势钳在阴囊基部用力紧夹，将精索夹断，使睾丸逐渐萎缩。

②此法无出血，无感染，但需有一定操作经验，否则精索夹不断，达不到去势目的。

图 6-11　去势钳示意图

7. 羔羊断尾

在细毛羊、半细毛羊及高代杂种羊，尾细而长，为了保持羊毛清洁，便于配种，防止尾的破伤和化脓生蛆，要对羔羊进行断尾，将尾巴在距离尾根 4～5 厘米处断掉，所留长度以遮住肛门和阴部为宜。

▶ 时间

羔羊出生 1～3 周内，选择晴天的早晨①进行断尾。

▶ 方法

（1）热断法（烧烙断尾法）　断尾用具是断尾铲或断尾斧。另需要两块厚 4～5 厘米、宽 20 厘米、长 30 厘米的木板，木板两面钉上铁皮。一块木板垫在凳面上，以免把凳子烧坏，另一块带有半月形木板压住尾巴，再将烧至暗红色的断尾铲轻轻用力，至 3～4 尾椎间将尾切断，要边切边烙，不要切得太快，否则达不到消毒和止血的效果。一般烧烫一次可以连断数只羊的尾巴。断尾时需要两人操作，一人保定羊，另一人持铁铲和木板，紧密配合。断尾后 1～2 天出现肿胀，属于正常现象。有的羔羊断尾出血，可用细绳在其尾根处紧紧捆住，过半日后，再剪除绳子，便于伤口早日愈合。

（2）结扎法　用橡皮筋在羔羊 3～4 尾椎间紧紧扎住，断绝血液流通，经 7～10 天尾巴自行脱落。此法简单易行，无感染，无出血，安全可靠。

图 6-12　去势钳断尾法示意图

（3）快刀断尾　先将尾巴皮肤向尾根部推，再用细绳捆住尾根，阻断血液流通，然后用快刀至距尾根 4～5 厘米处切断。上午断尾的羔羊，当天下午能解开细绳，恢复血液流

①晴天伤口结痂快，早上断尾后有较长的时间观察羔羊，发现异常可及时处理。

通，1 周后可痊愈。也可用去势钳断尾，见图 6-12。

8. 羔羊去角

对有角品种的山羊，特别是奶山羊和肉用山羊，除了极少数留种的公羊外，一般要对羔羊施行去角术，以防止争斗时致伤或导致母羊流产，并给管理工作带来方便。

> **时间**

羔羊出生后 7 ~ 10 天内施行去角术。

> **要点**

◆ 一般需要两人，一人保定羊（也可用保定箱），另一人进行去角操作。

◆ 固定羊头部时，用手握住嘴部，使羊不能摆动而能发出叫声为宜[①]。

◆ 将角蕾周围直径约 3 厘米的毛剪掉。

> **方法**

（1）化学去角法　在角基部周围涂抹一圈凡士林，以防苛性钠（钾）溶液流出，损伤皮肤和眼睛。用棒状苛性钠（钾）1 支，一端用纸包好，另一端在角基部摩擦，先重后轻，由内到外，由小到大，将表皮擦至血液浸出即可。然后在上面撒些消炎粉。摩擦面要大于角基部，摩擦面过小或位置不正，往往会出现片状短角或筒状的角；摩擦面过大会造成凹痕和眼皮上翻。去角后，要擦净磨面上的药水和污染物。由母羊哺乳的羔羊，半天内不要喂奶，以防碱液污染母羊乳房而造成损伤。同时将去角羔羊后腿用绳适当捆住（松紧程度以羊能站立和缓慢行走为准），以免疼痛时用后蹄抓破伤口，一般过 2 ~ 4 小时，伤口干燥，疼痛消失后，即可解开。

（2）烧烙法　用长 8 ~ 10 厘米，直径 1.5 厘米的铁棒，焊上一个把，在火上烧红取出后，略停片刻，待红色变成蓝色时，绕保定好的羔羊角蕾烧烙，次数可多一

①防止把羊捂死和去角刺激过度而使羊发生窒息。

些，但每次不超过 10 秒钟，以防羔羊发生热源性的脑膜炎。当表层皮肤破坏，并伤及角原组织后可结束，对术部应进行消毒。

（3）机械去角法　就是用手术刀从角基切掉角蕾。对于去角不彻底的，以后长出的残角可用钢锯锯掉。

9. 剪毛

▶ **时间和次数**

春季剪毛多在 5 ~ 6 月份，清明左右；秋季剪毛多在 9 ~ 10 月份，白露之前。高寒地区剪毛可适当推迟，在 6 月下旬至 7 月上旬[①]（表6-6）。

表6-6　不同品种羊剪毛时间和次数

品　　种	剪毛时间	剪毛次数
细毛羊、半细毛羊及其杂种羊	春季	1
粗毛羊[②]	春秋两季	2

▶ **剪毛前准备**

应作好场地、人员、羊群及相关物品的准备[③]。

（1）场地的选择

◆ 大型羊场有专门的剪毛舍，包括羊毛的分级和包装室。

◆ 羊群较小，可采用露天剪毛，场地应选在高燥清洁、光线好的地方，地面为水泥地或铺上晒席，以免玷污羊毛。

（2）羊群准备

◆ 剪毛前 12 ~ 24 小时不应饮水、饲喂[④]。

◆ 把羊群赶到狭小的圈内让其拥挤，使油汗溶化，便于剪毛。

◆ 剪毛先从价值低的羊群开始。

不同品种：粗毛羊→半细毛羊→杂种羊→细毛羊

同一品种：羯羊→试情公羊→幼龄羊→母羊→种公羊→患病羊

①我国各地气候差异很大，很难划定一个统一的剪毛时间。

②对于大尾寒羊，1 年可能在春、夏、秋剪毛 3 次。初夏时剪毛 1 次有利于肉羊增重。

③剪毛的季节性很强，剪毛持续的时间越短，越有利于羊只的抓膘。

④防止剪毛过程中粪尿玷污羊毛和因肠胃过饱在翻转羊体时发生胃破裂、肠扭转等病患。

（3）物品的准备　如磅秤、毛袋、记号笔、碘酒等物品。

> **方法**

有手工剪毛①（图6-13）和机械剪毛两种②。剪毛后，按照部位和羊毛等级将毛用布包③分别包装。

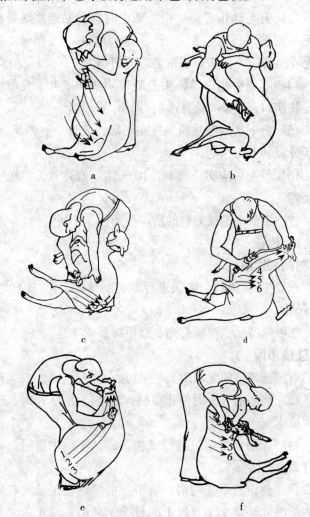

① 剪毛时，先将羊左侧卧下，再使羊右侧卧下，然后使羊坐立。保定羊、剪毛顺序和方向参照图4-14所示。最后检查全身，剪去遗留的羊毛。

② 前者剪毛速度慢，毛茬高低不平，劳动效率低；后者正好相反，且羊只捆绑时间短。

③ 不能使用麻包，以防麻丝混入毛中影响纺织和染色。

a
b
c
d
e
f

图6-13　手工剪毛示意图

a. 剪腹毛　b. 剪后腿内侧毛　c. 剪左后腿外侧毛

d. 剪颈部和左前肢内外侧毛　e. 剪背部和头部毛　f. 剪右颈部和右侧部毛

（注：图中1~6表示剪毛的方向和顺序）

▶ 注意事项

（1）选择无风晴天剪毛，防止剪毛后的羊感冒。雨后不能立即剪毛。

（2）剪毛场所要干净，防止杂质混入羊毛内。

（3）剪毛动作要轻、快。剪毛时均匀贴近皮肤处将羊毛一次剪下，留毛茬要低，一般为 0.3~0.5 厘米。做到毛茬整齐、不漏剪、不重剪、不剪伤。

（4）不要剪伤母羊乳头及公羊阴茎和睾丸。凡剪伤的皮肤伤口，应及时涂抹碘酊。

（5）剪下来的毛被应当连在一起，成为一整张套毛，便于分级和毛纺选毛。

（6）剪毛后应防止暴晒，10 天内不宜远牧，以免引起疾病。

（7）堆放羊毛或毛包的房屋要通风、干燥。

10. 药浴

▶ 时间和次数

一般在剪毛后 7~10 天进行，隔 8~14 天再重复 1 次。

▶ 药物

二甲苯胺脒、溴氰菊酯、双甲脒和螨净等。

▶ 注意事项

（1）选择晴朗无风的天气进行。

（2）药浴前 8 小时停止喂料，入浴前 2~3 小时，给羊饮足水①。

（3）先用少量羊只进行试验，确认不会中毒时，再进行大批药浴。

（4）健康的羊先药浴，有疥癣的羊放在最后。有外伤的羊只和怀孕 2 个月以上的母羊不药浴。成年羊和育成羊要分开药浴。

（5）药液深度以能淹没羊全身为宜，一般为 70~80 厘米；温度 30℃左右，药浴时间 1 分钟左右。

①避免羊进入药浴池后，吞饮药液。

（6）入浴时羊群鱼贯而行。药浴池出口处设有滴流台，羊在滴流台上停留 20 分钟，使羊体的药液滴下来，流回药浴池①。离开滴流台后，将羊收容在凉棚或宽敞的厩舍内，避免日光照射。

（7）羊只较多时，中途应加 1 次药液和补充水，使其保持一定高度。

（8）工作人员手持带钩的木棒，在药浴池两边控制羊群前进，不让羊头进入药液中。但是，当羊走近出口时，故意将羊头按进药液内 1～2 次，以防止羊的头部发生疥癣。

（9）药浴后 6～8 小时，可以喂羊饲料或放牧。放牧时切忌扎窝。

（10）处理好药浴后的残液，防止污染环境和人畜中毒。

① 一方面节省药液，另一方面避免余液滴在牧场上，使羊中毒。

11. 驱虫

▶ 时间

春、秋两季对羊只进行预防性药物驱虫。

▶ 选药原则

以高效、广谱、低毒，使用方便和价格便宜为原则。

▶ 方法

羊驱虫用药及方法见表6-7。

表 6-7　羊驱虫方案

寄生虫种类	药　　物	用法与用量（毫克/千克体重）	备　　注
肠道线虫	盐酸左旋咪唑	口服 8～10；肌肉注射 7.5	首次用药后 2～3 周重复一次
绦虫	氯硝柳胺（灭绦灵）	口服 50～70	投药前停止饲喂 5～8 小时
前后盘吸虫	氯硝柳胺（灭绦灵）	口服 50～70	投药前停止饲喂 5～8 小时
肺线虫	氰乙酰肼	口服 17.5；皮下注射 15	体重＞30 千克,总服药量≤0.45 克
肝片吸虫	硝氯酚	口服 3～4；皮下注射 1～2	
羊虱	敌百虫	0.1%～0.5%水溶液	喷雾或药浴

▶ 注意事项

（1）药物不宜单一长期使用，以防抗药性产生。

（2）先选小部分症状明显的病羊进行试驱，观察药物的安全程度及效果，然后大面积使用。

（3）驱虫后 1~3 天内，要放在指定的羊舍和牧地，收集起来的粪便及排出的虫卵进行生物热处理。

（4）驱虫前羊只进行绝食，只要夜间不放不喂，于早晨空腹投药即可。

12. 修蹄

▶ 时间和次数

春季修蹄多在剪毛后放牧前雨后进行，或在修蹄前先在较潮湿的地带放牧，使蹄变软，以利修剪。

奶山羊每 1~2 个月检查和修蹄 1 次，其他羊只可每半年修蹄 1 次，或根据具体情况随时修蹄。

▶ 工具

蹄刀、蹄剪，也可以用剪果树的枝剪、小镰刀，或磨快的小刀。

▶ 方法

修蹄一般先从左前肢开始，修完前蹄后，再修后蹄。

修蹄时，一人保定羊头，修蹄人背对羊头，左手握住蹄部，右手持刀、剪，先把过长的蹄角质剪掉，然后再用修蹄刀削蹄的边沿、蹄底和蹄叉间，要一层一层地往下削，一次不可削得太多。当削至可见到淡红色的微血管即可①。

修整后的羊蹄，要求底部平整，形状方圆，羊只能自然站立。已变形的羊蹄，每隔 10 天左右再修一次，经过 2~3 次可以矫正蹄形。

13. 喂盐（啖盐）

▶ 优缺点

◆ 喂盐可促进羊的食欲，增加体重，供给氯和钠元素。

◆ 盐供给不足，食欲下降，体重减轻，产奶量下降

①修剪过深造成出血，可以用碘酒消毒，若出血不止，可将烙铁烧成微红，把蹄底迅速烧烙一下，到止血为止。

和被毛粗糙脱落。

▶ 方法

食盐直接拌入精料中喂羊(图 6-14)或让羊只舔食固体盐砖。①

喂量：一般占日粮干物质 1%。

种公羊：8 ~ 10 克 / 天。

成年母羊：5 ~ 8 克 / 天。

①用食盐、微量元素及其他辅料制成。既补充了食盐，又补充了微量元素，效果较好。

图 6-14　食盐直接拌入精料中

14. 放牧

▶ 牧地安排

春放阴坡、沟谷，夏放岗，秋放平原，冬放阳。公、母及成年和幼龄羊群实行分群、分区放牧。

▶ 放牧时间

不同季节羊放牧时间见表 6-8。

表 6-8　羊的放牧时间

月　　份	放牧时间	备　　注
5 月份中下旬至 10 月份中旬	10 小时以上	
12 月份至翌年 3 月份	6 小时左右	我国北方昼短、草枯、寒冷，实行中午不收牧
4 月份和 11 月份	8 小时左右	放牧的过渡期

➤ 放牧方法

羊四季放牧的任务与方法见表6-9。

◆ 讲究一个稳字，尽量避免羊走冤枉路和狂奔。

◆ 羊群"多吃少消耗"，即"走慢、走少、吃饱、吃好"。

◆ 放牧员牢记"四勤三稳"，即"腿勤、手勤、嘴勤、眼勤；放牧稳、出入圈稳、饮水稳"。

表6-9 羊的四季放牧

季节	月份	任务	注意事项
春	3月至5月中旬	恢复体况，保膘保胎，安全过春	◆先选择牧草萌发晚的阴坡和沟谷地，后到青草长到7厘米以上的阳坡或沿河地带； ◆慢放，控制羊只过多奔跑； ◆采用"一条鞭"队形； ◆前期出牧宜迟，归牧宜早，后期早出晚归，中午不收牧。
夏	5月下旬至8月末	抓好伏膘，迎接秋季配种，早产春羔	◆放牧时间达12小时/天以上； ◆出牧宜早，归牧宜迟； ◆禁止饮放牧地的积水或死水； ◆采用"满天星"队形； ◆"上午顺风出牧，顶风归牧；下午顶风出牧，顺风归牧"；"小雨当晴天，中雨顶着放，大雨抓空放"； ◆雨后或露水较大时，一定不要到豆科牧草草地。
秋	9月至11月	羊群抓膘，为越冬度春打基础	◆早出晚归，每天放牧不少于10小时； ◆不能顶霜放牧，此时晚些出牧，或出牧时快点走或只走牧道不走草地； ◆放茬初期，先放一段时间草地，再放茬地，特别是放豆茬地更是如此； ◆放茬地时，顺着垄沟放牧，最好做到每羊一垅慢慢地走，边走边吃。
冬	12月至翌年2月	保膘保胎，安全越冬	◆放牧时应先远后近，先阴后阳，先高后低，先沟后平，晚出晚归，慢走慢游。 ◆尽量在羊圈附近留下一些牧地，以预防持续的恶劣天气。

七、羊场疫病综合防控

羊病防控必须坚持"养重于防、防重于治"的方针，认真贯彻《中华人民共和国动物防疫法》和国务院颁布的《家畜家禽防疫条例》，加强饲养管理，搞好消毒与卫生，严格执行检疫制度，认真落实免疫计划，定期进行预防注射，定期驱虫，做好春秋两季的药浴等综合性防控措施，将饲养管理和防疫工作结合起来，以取得防病灭病的综合效果。

（一）加强饲养管理

目标 ●了解如何加强饲养管理

1. 坚持自繁自养

选择健康无病的优秀种公羊和能繁母羊，自行组织配种、繁殖生产后备羊或育肥羔羊，这样生产的羊可以避免运输、饲养环境改变产生的应激，增强对疾病的抵抗力，缩短育成期，并可减少检疫费用，减少疫病的传播。

2. 合理组群

根据品种、年龄、体重、圈舍将羊只分成若干小群，每群15~50只。整齐的羊群采食均匀，生长匀速，出栏时间一致，管理方便。

3. 适时补饲

在冬春枯草季节，牧草营养下降，放牧的羊群容易采食不足而掉膘。特别是正在生长发育的幼龄羊和怀孕期、哺乳期的成年母羊，这一时期必须进行补饲。种公羊在配种期也需进行短期优饲。良好的体况有利于增强羊只的抗病能力。

4. 加强运动

种羊生产必须设计运动场，特别是种公羊的运动场要设计合理，保证种公羊每天的运动强度和运动时间，通过运动增强羊只体质和繁殖能力，减少疾病的发生。

5. 妥善安排生产环节

要合理安排称重、量体尺、剪毛、配种、产羔和断奶时间，尽量在短时间内完成，可以将多项工作集中进行，减少抓羊次数，减少对羊的应激。

（二）隔离

目标
- 了解什么情况下需要隔离
- 掌握羊的隔离技术

1. 检疫隔离

羊从生产到出售，要经过出入场检疫、收购检疫、运输检疫和屠宰检疫，涉及外贸时还要进行进出口检疫。尤其从国外引进的羊只需进入隔离场，经检疫无疫病、并隔离1个月以后才能运输。引进羊时必须从无疫区购入，经当地兽医检疫部门检疫，签发检疫合格证明书；运抵目的地后，再经当地兽医验证、检疫并隔离观察1个月以上，确认为健康者，经驱虫、消毒、补注疫苗后，方可进场并与原场羊群混群饲养。

检疫时需要有专门的隔离场，距离生产群2千米以上。隔离场内设检疫夹道，检疫时将羊赶入夹道内，检疫人员在夹道两侧进行检疫。根据检疫结果，打开出口的活动小门，分别将羊赶入健康圈或隔离圈。

2. 生产性隔离

场内羊群发生一时不能确诊的疾病（如疑似传染病），要隔离饲养管理、观察、化验与治疗（图7-1）。

图 7-1　分隔栏

羊场应设隔离圈舍，为了防止疫病传播与蔓延，隔离圈舍应设在生产区的下风向和地势低的地方，并应与生产圈舍保持300米以上的卫生间距。隔离圈舍应尽可能与外界隔绝，设单独的通路和出入口。隔离区四周应有天然的或人工的隔离屏障，如界沟、围墙、栅栏或浓密的乔灌木混合林等。此外，应严格控制并无害化处理隔离区的污水与废弃物，防止疫病蔓延和对环境的污染。

（三）消毒与卫生

每天要打扫干净圈舍、运动场及周围环境。圈舍、运动场地每个季度初消毒一次，至少春秋两季各消毒一次。消毒药品要多样交替使用。粪便要堆积发酵，杀灭寄生虫卵。解剖死羊的场地要进行消毒处理，尸体要深埋或焚烧。

1. 羊舍消毒

一般分两个步骤进行，首先进行机械清扫，再用消毒液消毒，经过消毒舍内的细菌数可以减少90%以上。消毒液的用量，以羊舍内每平方米面积用1升药液计算。

常用消毒药有10%~20%石灰乳、10%漂白粉溶液、5%~10%菌毒敌（原名农乐，同类产品有农福、农富、菌毒灭等）、0.5%~1%氯异氰尿酸钠、0.5%过氧乙酸等。消毒方法是将消毒液盛于喷雾器内，先喷洒地面，然后喷墙壁，再喷天花板，最后再开门窗通风，用清水刷洗饲槽、用具，将消毒药味除去。如羊舍有密闭条件，可关闭门窗，用福尔马林熏蒸消毒12~24小时，然后开窗通风24小时。福尔马林的用量为每立方米空间12.5~50.0毫升，加等量水一起加热蒸发；无热源时也可加入高锰酸钾（每立方米30克），即可产生高热蒸发。一般情况下，羊舍消毒每年进行两次，春秋各一次。产房的消毒，在产羔前进行一次，产羔高峰时进行多次，产羔结束后再进行一次。在病羊舍、隔离舍的出入口应放置浸有消毒液的麻袋片或草垫。

2. 地面消毒

地面可用10%漂白粉溶液、4%福尔马林或10%氢氧化钠溶液消毒。停放过芽孢杆菌所致传染病病羊尸体的场所应严格消毒。如果放牧地区被某种病原体污染，一般利用自然因素（如阳光）来消除病原体，如果污染面积不大，应使用化学消毒药消毒。

3. 皮毛消毒

羊患口蹄疫、布氏杆菌病、羊痘、坏死杆菌病等，其羊毛、羊皮均应消毒。羊患炭疽病时，严禁从尸体上剥皮。即使在储存的原料皮中发现一张患炭疽病的羊皮，也应将整堆与其接触过的羊皮进行消毒。皮毛消毒目前广泛使用环氧乙烷气体消毒法。

（四）定期免疫接种

目标
- 了解常见传染病
- 了解羊用主要疫苗

　　根据当地传染病的发生历史和流行趋势，有组织、有计划地进行免疫接种，可以有效预防和控制传染病的发生。目前，我国需要重点预防的羊传染病主要有：炭疽、布氏杆菌病、口蹄疫、破伤风、羊快疫、羊猝狙、羊肠毒血症、羔羊痢疾、羊黑疫、羔羊大肠杆菌病、传染性胸膜肺炎、羊痘、伪狂犬病和链球菌病等。

　　免疫接种须按合理的免疫程序进行，各地区、各羊场可能发生的传染病不止一种，且可以用来预防这些传染病的疫苗的性质不同、免疫期长短不一，羊场需用多种疫苗来预防不同的传染病，也需要根据各种疫苗的免疫特性合理地安排免疫接种的次数和间隔时间。

1. 无毒炭疽芽孢苗

　　预防羊炭疽。每只绵羊皮下注射0.5毫升，注射后14天产生坚强免疫力，免疫期1年。山羊不能用。

2. 第Ⅱ号炭疽芽孢苗

　　预防羊炭疽。每只绵羊、山羊均皮下注射1毫升，注射后14天产生免疫力，免疫期1年。

3. 炭疽芽孢氢氧化铝佐剂苗

　　预防羊炭疽。一般称浓芽孢苗，是无毒炭疽芽孢苗或第Ⅱ号炭疽芽孢苗的浓缩制品。使用时，以1份浓苗加9份20%氢氧化铝胶稀释剂充分混匀后注射。其用途、用法与各自芽孢苗相似。使用该疫苗一般可减轻注射反应。

4. 羊快疫、猝狙、羊肠毒血症三联灭活疫苗

　　预防羊快疫、猝狙、羊肠毒血症。成年羊和羔羊一律皮下或肌内注射5毫升，注射后14天产生免疫力，免疫期6个月。

5. 羔羊痢疾灭活疫苗

　　预防羔羊痢疾。怀孕母羊分娩前20~30天第一次皮下注射2毫升，第二次于分娩前10~20天皮下注射3毫升。第二次注射后10天产生免疫力。免疫期母羊5个月，经乳汁

可使羔羊获得母源抗体。

6. 羊黑疫、快疫混合灭活疫苗

预防羊黑疫和快疫。氢氧化铝灭活疫苗，羊不论年龄和大小均皮下或肌内注射3毫升，注射后14天产生免疫力，免疫期1年。

7. 山羊传染性胸膜肺炎氢氧化铝灭活疫苗

预防由丝状支原体山羊亚种引起的山羊传染性胸膜炎。皮下注射，6月龄以下山羊3毫升，6月龄以上山羊5毫升，注射后14天产生免疫力，免疫期1年。本品限于疫区内使用，注射前应逐只检查体温和健康状况，凡发热有病的羊不予注射。注射后10天内要经常检查，有反应者应进行治疗。本品使用前应充分摇匀，切忌冻结。

8. 羊肺炎支原体氢氧化铝灭活苗

预防绵羊、山羊由绵羊肺炎支原体引起的传染性胸膜肺炎。颈侧皮下注射，成年羊3毫升，6月龄以下幼羊2毫升，免疫期可达1.5年以上。

9. 链球菌氢氧化铝甲醛菌苗

预防羊链球菌病。羊只不分大小，一律皮下注射3毫升，3月龄内羔羊14~21天后再免疫注射一次。

10. 山羊痘弱毒疫苗

预防绵羊痘和山羊痘。皮下注射0.5~1毫升，免疫期1年。

11. 羔羊大肠杆菌病灭活苗

预防羔羊大肠杆菌病。3月龄至1岁的羔羊，皮下注射2毫升；3月龄以下羔羊，皮下注射0.5~1毫升。注射后14天产生免疫力，免疫期5个月。

（五）疫病监测

按照《国家中长期动物疫病防治规划（2012—2020

年)》（以下简称《规划》）目标要求，羊场要对口蹄疫、布鲁氏菌病、小反刍兽疫等病种做好监测工作，重点做好口蹄疫、布鲁氏菌病的监测工作，全面落实小反刍兽疫消灭计划。

1. 口蹄疫的监测

（1）监测目的　了解口蹄疫病原感染分布情况及高风险区域的发病情况，跟踪监测病毒变异特点与趋势，查找传播风险因素。评估羊群免疫效果，掌握群体免疫状况。

（2）监测范围　种羊场、规模养羊场、散养户、活羊交易市场、屠宰场、无害化处理场。

注：散养户以一个自然村为一个监测采样的流行病学单元。

（3）监测时间

免疫抗体监测：每半年进行一次集中监测，定点监测由各地根据实际情况安排。

病原监测：每半年进行一次集中监测，每季度进行一次定点监测。

（4）监测方式

① 被动监测　任何单位和个人发现羊出现水疱、跛行、烂蹄等类似口蹄疫症状，应及时向当地畜牧兽医部门报告，当地动物疫病预防控制机构应及时采样进行监测。

② 主动监测

a.病原监测　采用先抽取场群，在场群内再抽取个体的抽样方式开展监测采样。选择场群时要考虑种羊场、规模养羊场、散养户、活羊交易市场、屠宰场、无害化处理场的比例。固定监测场点监测按照有关方案执行。

b.抗体监测　选择场群时要综合考虑种羊场、规模养羊场、散养户、活羊交易市场及屠宰场的比例。

（5）检测方法

① 病原检测　对食管-咽部分泌物（O-P液）采用RT-PCR方法或荧光RT-PCR方法检测O型、亚洲Ⅰ型、A型口蹄疫病原。

羊口蹄疫感染情况采用非结构蛋白（NSP）抗体ELISA方法检测。对NSP抗体检测结果为阳性的，羊采集O-P液用RT-PCR或荧光RT-PCR方法检测；如检测结果为阴性，应间隔15天再采样检测一次，RT-PCR检测阳性的判定为阳性羊。

② 非结构蛋白抗体检测　采用非结构蛋白抗体ELISA方法进行检测。

③ 免疫抗体检测　免疫21天后，采集血清样品进行免疫效果监测。

O型口蹄疫抗体：液相阻断ELISA或正向间接血凝试验，合成肽疫苗采用VP1结构蛋白ELISA进行检测；

亚洲Ⅰ型和A型口蹄疫抗体：液相阻断ELISA。

（6）判定标准

① 免疫合格个体

a.液相阻断ELISA：抗体效价≥26；

b.正向间接血凝试验：抗体效价≥25；

c.VP1结构蛋白抗体ELISA：抗体效价≥25。

② 免疫合格群体　免疫合格个体数量占群体总数的70%（含）以上。

③ 可疑阳性个体

a.免疫羊非结构蛋白抗体ELISA检测阳性的；

b.未免疫羊血清抗体检测阳性的。

④ 可疑阳性群体　群体内至少检出1个可疑阳性个体的。

⑤ 监测阳性个体　羊的食管-咽部分泌物（O-P液）用RT-PCR或荧光RT-PCR检测，结果为阳性。

⑥ 确诊阳性个体　监测阳性个体经国家口蹄疫参考

实验室确诊，结果为阳性。

⑦确诊阳性群体　群体内至少检出1个确诊阳性个体的。

⑧临床病例　按照《口蹄疫防治技术规范》确定。

2. 布鲁氏菌病监测

（1）监测目的　掌握羊布鲁氏菌病流行状况，了解高风险区域布鲁氏菌病传播的风险因素，为防治决策提供依据。

（2）区域划分　布鲁氏菌病防控实行区域化管理，根据畜间疫情未控制县（羊阳性率≥0.5%或牛阳性率≥1%）所占比例，结合人间病例发生情况，全国划分为三个区域，即一类地区、二类地区和三类地区。

①一类地区　人间报告发病率超过1/10万或畜间疫情未控制县数占总县数30%以上的省份。包括北京、天津、河北、山西、内蒙古、辽宁、吉林、黑龙江、山东、河南、陕西、甘肃、青海、宁夏、新疆等15个省份和新疆生产建设兵团。

②二类地区　本地有新发人间病例发生且报告发病率低于或等于1/10万或畜间疫情未控制县数占总县数30%以下的省份。包括上海、江苏、浙江、安徽、福建、江西、湖北、湖南、广东、广西、重庆、四川、贵州、云南、西藏等15个省份。

③净化区　无本地新发人间病例和畜间疫情的省份。有海南省。

（3）监测范围　种羊场、规模养羊场、散养户、活羊交易市场、屠宰场等场点。

各地在开展采样监测工作时要切实做好人员防护，防止发生意外伤害和感染。

（4）监测时间　发现可疑病例，随时采样，及时进行病原学检测，或采样送相关布鲁氏菌病实验室进行检测。

（5）检测方法

①筛选试验　血清学监测方法采用虎红平板凝集试验，还可采用OIE推荐的间接酶联免疫吸附试验（iELISA试验）或荧光偏振试验。

②确诊试验　筛选试验阳性样品用试管凝集试验或补体结合试验进行确诊，或采用OIE推荐的竞争酶联免疫吸附试验（cELISA试验）进行确诊。

③其他试验　病原等其他专项监测采用国家标准或OIE推荐的检测方法。

（6）判定标准

①疑似阳性个体　对未免疫羊和免疫6个月以上的羊采用虎红平板凝集试验、iELISA试验或荧光偏振试验检测，结果为阳性。

②确诊阳性个体　监测疑似阳性个体经试管凝集试验、补体结合试验或cELISA试验，结果为阳性。

③阳性群体　群体内至少检出1个确诊阳性个体的。

④临床病例　按照《布鲁氏菌病防治技术规范》确定。

3. 小反刍兽疫监测

（1）监测目的　进一步了解小反刍兽疫病毒的分布范围和羊群免疫状况，通过开展监测与流行病学调查工作，科学评估疫情风险，加快实施小反刍兽疫消灭计划。

（2）监测对象　山羊、绵羊、野羊。重点是出现口腔溃疡、眼鼻分泌物增多、体温升高和腹泻等症状的羊只。

（3）监测时间　全年开展监测工作。春季（4~5月份）、秋季（10~11月份）各开展一次集中监测。

（4）监测方式

①被动监测。接到疑似疫情报告后，当地动物疫病预防控制机构应按规定及时采样，送省级动物疫病预防控制中心进行检测，并规范处置。野羊样品应联合林业部门共同采集。

②主动监测。主动开展监测工作。

（5）检测方法

①抗体检测　竞争ELISA、阻断ELISA方法。

②病原检测　采用RT-PCR或者荧光RT-PCR方法进行检测，必要时对阳性样品进行测序分析。

（6）判定标准

①免疫合格个体　活疫苗免疫1~3个月内，小反刍兽疫ELISA抗体检测阳性判定为合格。

②免疫合格群体　群内抗体阳性率≥70%判定为合格。

③监测阳性个体　采用国家标准中推荐的RT-PCR或荧光RT-PCR检测方法检测，结果为阳性。

④确诊阳性个体　监测阳性个体经中国动物卫生与流行病学中心确诊，结果为阳性。

⑤阳性群体　群体内至少检出1个确诊阳性个体。

⑥临床病例　按照《小反刍兽疫防治技术规范》确定。

八、羊场的经营管理

（一）信息采集

目标
- 了解需要采集的技术指标
- 了解怎样采集羊场信息

1. 规模与数量信息采集

采集种公羊、基础母羊、育成公羊、育成母羊、羔羊、育肥羊的繁殖、购进、调出、死亡数量等信息。每月采集一次。

2. 生产性能信息采集

采集每只羊的体重、体尺和肉用性能信息。

对初生、断奶、6月龄、12月龄、18月龄、24月龄的羊只逐只称重，对断奶、6月龄、12月龄、18月龄、24月龄的羊只逐只测量体尺，包括体斜长、体高、胸围、管围等指标，具体测量方法：见P122。肉羊在6月龄、12月龄、18月龄、24月龄时测定肉用性能，包括眼肌面积和背膘厚度，需要借助B超仪进行测定。

3. 繁殖性能信息采集

（1）配种登记　采集配种公羊、与配母羊、配种时间、配种方法、配种次数、预计产羔时间、配种人员等信息。冷冻精液配种时还需采集冻精的活力和输精量。

（2）产羔登记　采集产羔母羊、产羔数、产活羔数、产羔时间、生产方式、羔羊初生重等信息。

（3）繁殖能力　采集母羊的发情周期、产羔率、断奶羔羊成活率、母性、复配率等信息。并查阅以前的资料，统计分析该只母羊的繁殖力。

4. 疫病流行信息采集

采集免疫的时间、疫苗、用量、消毒、疫病发生及治疗、兽医用药等信息。

5. 市场信息

采集种羊、肉羊、饲草、饲料、羊粪以及劳动力等的市场价格，包括不同羊产品的价格。

（二）制度建设

目标　● 了解现代羊场的制度

　　　　● 掌握各项制度的内容

羊场制度包括卫生消毒、饲养人员岗位责任、程序免疫、饲料和饲料添加剂使用管理、兽药使用管理、档案管理、病死羊处理、废弃物处理等制度。

（三）档案管理

目标　● 了解羊的档案有哪些

　　　　● 掌握档案的管理知识

1. 系谱档案

系谱是某只羊的祖先及其性能等的记载，是一只种羊的父母及其各祖先的品种名、编号、生产成绩及鉴定结果的记录文件。系谱上的各种资料，来自日常的各种原始记录。除了要记录血统关系外，还要查看各祖先的生产成绩、发育情况、外形评分、育种值以及有无传染病等。一个有价值的系谱，应尽可能做到记录全面、及时，资料准确。

参与种羊和商品羊生产的每只种羊都要求有系谱档案，用来记录种羊的个体信息。包括羊的品种、出生日期、性别，父母、祖父母（外祖父母）、曾祖父母等血亲关系，生产性能测定成绩，繁殖记录（公羊要有采精记录、精液品质记录，母羊要有生产记录、产羔记录），免疫记录。

系谱档案要求一只羊一个档案，即个体档案。要求记录全面、准确、及时。

羊的系谱一般多用横式系谱。将种羊的号码记在系谱的左边，历代祖先顺序向右记载，越向右祖先代数越高。各代的公羊记在上方，母羊记在下方。系谱正中可划一横虚线，表示上半部分为父系祖先，下半部分为母系祖先。横式系谱各祖先血统关系的模式：

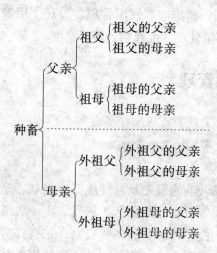

2. 生产记录档案

见表8-1至表8-4。

表 8-1 羊群异动登记表

统计日期： 　　　　　　　　　　　　　　　　　　　　　　单位：只

群别		月初数	增加					减少						月末数
			小计	繁殖	转入	调入	购入	小计	死亡	转出	出售	宰杀	调出	
种公羊														
基础母羊														
育成母羊														
育成公羊														
公羔														
母羔														
其他														
羯羊	小计													
	育成													
	成年													
小计														
说明														

记录人：

表 8-2 生长发育测定表

群别： 　　　品种： 　　　　　地点： 　　　　　　　　第　　页

羊号	测定时间	月龄	体重（kg）	体尺				肉用性能		备注
				体高（cm）	体长（cm）	胸围（cm）	管围（cm）	背膘厚（mm）	眼肌面积（cm²）	

饲养员： 　　　　　　　　测定人： 　　　　　　记录员：

表8-3 _____年配种登记表

群别：　　　　品种：　　　　地点：　　　　　　　　第　　页

序号	母羊号	配种情况									预计分娩日期	备注
		第一次配种			第二次配种			第三次配种				
		日期	公羊号	配种方式	日期	公羊号	配种方式	日期	公羊号	配种方式		
1												
2												
3												
4												
5												

配种员：　　　　　　　　　　　　　记录员：

表8-4 _____年产羔登记表

群别：　　　　品种：　　　　地点：　　　　单位：只、千克　　　第　　页

序号	母羊号	分娩日期	配种日期	怀孕日期	产羔情况									备注
					1			2			3			
					性别	初生重	编号	性别	初生重	编号	性别	初生重	编号	
1														
2														
3														
4														
5														

饲养人员：　　　　　　　　　　　　记录员：

（四）经济核算

1. 生产成本

（1）固定成本　房屋的折旧、机械设备折旧、饲养设备折旧、取暖费用、管理费用、维修费用、土地开支、种羊开支或折旧等。

（2）可变费用　饲料开支、饲草开支、劳务开支、

水电开支、防疫治疗开支等。

2. 收入构成

养羊业的收入多是直接的、可变的收入：出栏羊数（包括种羊数）、羊肉产量、羊毛收入、羊皮收入、羊粪收入等。

3. 影响效益的因素

（1）品种因素　生长速度、产羔率、饲料利用率、产品品质和价格等。

（2）生产条件因素　饲草价格、饲料价格、人工工资水平、水电价格、运输价格、土地价格、资金周转速度及其他非生产成本和摊销等。

（3）生产管理因素　年生产羔羊数、羔羊成活率、出栏率、母羊比例、疾病发生率、饲草饲料利用率、饲养周期、人员的管理能力、劳动强度等。

（4）市场因素　活羊、羊肉、羊毛、羊皮的市场需求和价格。

（5）加工因素　通过深加工可提高产品档次和价格，增强市场竞争力。

4. 经济效益计算

（1）直接经济效益　不包括管理、固定资产折旧和非直接生产的交通、通讯等费用。

以种母羊为单位计算：

种母羊的年收入=生产羔羊的收入（羔羊的出栏、屠宰收入＋新育成羊的收入）＋羊毛收入＋羊粪收入

以育肥羊为单位计算：

育肥羊的收入=（出栏羊收入–育肥羊支出–饲草支出–饲料支出–兽医支出–劳务支出–水、电、暖支出–其他支出）/出栏羊只数

以产值计算：

人均年生产产值=羊群全年总产值/实际参与直接生

产的人数

人均年生产效益=羊群全年生产效益/实际参与直接生产的人数

投入产值比=羊群年总收入/直接投入生产的资金数

(2) *综合经济效益* 包括养羊总收入、直接成本和间接成本，可以反映羊群的真实效益，通过成本的划分可以分析出羊群的整体管理水平和生产水平。如果管理成本或间接成本大，说明非生产开支大、管理水平低，投资比例失调。如果生产成本大，说明生产性能上不去或生产原料成本太高，应采用相应的措施及时调整。

综合经济效益可用以下3种方法计算和分析：

存栏繁殖母羊的经济效益=〔羊群年总收入−直接生产成本支出−管理费用支出（非直接生产成本支出）〕/年初繁殖母羊存栏数

投入产出比=年总产值/年总投入

投资比例=直接生产成本/管理费用成本

5. 提高经济效益的途径

从上述经济效益分析可以看出，提高经济效益的途径一是降低生产成本，二是增加产值。可采用以下方法来提高养羊的经济效益。

(1) 选择优良品种和进行杂交改良，增加产羔数，提高生产性能。

(2) 采用科学管理和生产技术，增加产值，减少直接生产成本，降低饲养费用。

(3) 提高管理效率，减少非生产性支出。

参 考 文 献

白跃宇，2005.图文精解养波尔山羊技术［M］.郑州：中原农民出版社.

岳文斌，2008.羊场畜牧师手册［M］.北京：金盾出版社.

赵有璋，1995.羊生产学［M］.北京：中国农业出版社.

北京农业大学，1998.家畜繁殖学，2版［M］.北京：农业出版社.

毛怀志，岳文斌，冯旭芳，2006.绵、山羊品种资源利用大全［M］.北京：中国农业出版社.

岳文斌，贾鸿莲，冯旭芳，等，2006.现代养羊180问［M］.北京：中国农业出版社.

张居农，2001.高效养羊综合配套新技术［M］.北京：中国农业出版社.

岳文斌，杨国义，任有蛇，等，2003.动物繁殖新技术［M］.北京：中国农业出版社.

岳文斌，2002.畜牧学（面向二十一世纪课程教材）［M］.北京：中国农业大学出版社.

岳文斌，张春善，1993.养羊学［M］.太原：山西高校联合出版社.

董玉珍，岳文斌，1998.现代畜禽饲养管理［M］.北京：中国农业科技出版社.

张空，1993.家畜繁殖学［M］.太原：山西高校联合出版社.

杨文平，岳文斌，董玉珍，等，2001.绵羊冬季补饲效果的研究［J］.中国饲料，（19）：13-14.

杨文平，岳文斌，董玉珍，等，2000.盐化秸秆加精料日粮对绵羊生产性能和消化的影响［J］.中国畜牧杂志，36（4）：5-7.

杨文平，岳文斌，董玉珍，等，2000.添加不同水平锌、铁和钴对绵羊增重和体内代谢的影响［J］.饲料研究（3）：11-12.

杨文平，1998.晋中绵羊矿物质营养检测与补饲效果的研究［D］. 太谷：山西农业大学.

徐桂芳，2000.肉羊饲养技术手册［M］.北京：中国农业出版社.

许宗运，2003.山羊舍饲半舍饲养殖技术［M］.北京：中国农业科学技术出版社.

张英杰，2005.养羊手册［M］.北京：中国农业大学出版社.

李清宏，任有蛇，2004.家畜人工授精技术［M］.北京：金盾出版社.

李清宏，任有蛇，宁官保，等，2005.规模化安全养肉羊综合新技术［M］.北京：中国农业出版社.

贾志海，1999.现代养羊生产［M］.北京：中国农业大学出版社.

吴登俊，2003.规模化养羊新技术［M］.成都：四川科学技术出版社.

单安山，2005.饲料配制大全［M］.北京：中国农业出版社.

阎萍，卢建雄，2005.反刍动物营养与饲料利用［M］.北京：中国农业科学技术出版社.

罗海玲，2004.羊常用饲料及饲料配方［M］.北京：中国农业出版社.

张建红，周恩芳，2002.饲料资源及利用大全［M］.北京：中国农业出版社.

田树军，2003.羊的营养与饲料配制［M］.北京：中国农业大学出版社.

曹康，金征宇，2003.现代饲料加工技术［M］.上海：上海科学技术文献出版社.

桑润滋，田树军，李铁栓，2003.肉羊快繁新技术［M］.北京：中国农业大学出版社.

李启唐，1996.肉羊生产技术［M］.北京：中国农业出版社.

王忠艳，2004.动物营养与饲料学［M］.哈尔滨：东北林业大学出版社.

毕云霞，2003.饲料作物种植及加工调制技术［M］.北京：中国农业出版社.

姜勋平等，1999.肉羊繁育新技术［M］.北京：中国农业科技出版社.

黄功俊，侯引绪，李玉冰，等，2001.肉山羊圈养技术［M］.北京：中国林业出版社.

赵有璋，2003.种草养羊技术［M］.北京：中国农业出版社.

李振清，2008.现代肉羊场的环境控制与净化［J］.河南畜牧兽医，29（6）：20-21.

白春轩，程俐芬，高晋生，等，2004.舍饲养羊技术［M］.太原：山西科学技术出版社.

程俐芬，2015.图说如何安全高效养羊［M］.北京：中国农业出版社.

田文霞，2007.兽医防疫消毒技术［M］北京：中国农业出版社.

曹宁贤.张玉换，2008.羊病综合防控技术［M］.北京：中国农业出版社.

毛杨毅，2008.农户舍饲养羊配套技术［M］.北京：金盾出版社.

图书在版编目（CIP）数据

高效健康养肉羊全程实操图解/杨文平等编著 . —
北京：中国农业出版社，2018.1（2019.11 重印）
（养殖致富攻略）
ISBN 978-7-109-23595-3

Ⅰ.①高… Ⅱ.①杨… Ⅲ.①肉用羊－饲养管理－图
解 Ⅳ.①S826.9-64

中国版本图书馆 CIP 数据核字（2017）第 291261 号

中国农业出版社出版
（北京市朝阳区麦子店街 18 号楼）
（邮政编码 100125）
责任编辑　郭永立
————————————
北京万友印刷有限公司印刷　　新华书店北京发行所发行
2018 年 1 月第 1 版　　2019 年 11 月北京第 2 次印刷
————————————
开本：720mm×960mm 1/16　　印张：13
字数：200 千字
定价：38.00 元
（凡本版图书出现印刷、装订错误，请向出版社发行部调换）